創業家
默默在學の
LEARN HOW TO BE RICH

張凱文 著

40 件事

創業家默默在學的40件事 / 張凱文著. -- 初版.
-- 臺北市：羿勝國際, 2017.11
　　面；　公分
ISBN 978-986-95518-5-4(平裝)

1.創業
494.1　　　　　　　　　　　106019433

作　　者　張凱文

出　　版　羿勝國際出版社

初　　版　2017年11月

電　　話　（02）2297-1609

地　　址　新北市泰山區明志路2段254巷16弄33號4樓

定　　價　請參考封底

印　　製　東豪印刷事業有限公司

總 經 銷　羿勝國際出版社

聯絡電話　(02)2236-1802

公司地址　220新北市板橋區板新路90號1樓

e-mail　yhc@kiss99.com

格局、佈局、步局；
心胸有多大，
舞台就有多大！

～郭台銘

培養自己的大格局

　　一些事業成功、品味卓越的人經常被人們讚嘆此等人有著「大格局」。

　　所謂的大格局，聽起來十分抽象，其實說的只是一種處事的眼光和態度。如果我們能夠放棄在小地方以及枝微末節上和人計較長短，而著眼於一個執著的方向，這份自信與自得便是難能可貴，便是人生大格局了。

　　說到成功，說到人才，你可能可以馬上列舉出好幾十個名字，但是要能夠讓全球人士都認同的，莫過於比爾蓋茲以及賈伯斯了。很多人都想知道自己如何能夠成為一位像他們一樣既獨特又優秀的人，他們掌握人生大格局的秘密又是什麼呢？

　　有趣的是，比爾蓋茲的父親曾經回答過這樣的問題，他說他其實並不知道究竟是什麼秘密才讓兒子成功的，但是他卻告訴大家：「確實是有一門必修課」。

　　這門必修課的課程是～
　　積極投入，就能享受面面俱到的人生；
　　讓心胸寬闊，就能創造出你希望看到的改變；

如果要成就有意義的事，只有辛苦地工作；

你帶給家人的與你的家人帶給你的，遠比你想像的多更多；

世界是我們的，與人為善，就是與自己為善。

有人整理了他的這一小段話，這個秘訣簡而言之就是十六個字：

積極投入、眼界放寬、熱情分享，止於至善。

這些確實是一個人養成大格局的基礎功夫。

想要做到他們一點也不難，只要心胸開闊，認真找出工作的意義，並且樂於和別人分享你的天賦，你就是那位真正在工作場合中、企業中頂尖的人物！或許商場上靠的運氣、也有人說是靠天賦，但更有可能的是得靠人用正確的方式經營！

你投入越多，就不由自主投入更多；而投入再多，你獲得的知識和力量就越多；有了豐富的知識充足的力量，你就更能把握住每一個機會！

祝福目前正在努力創業的你日日進步、每一天都能發光發熱、達到目標！

Contents 目錄

Contents 目錄

第1章

新手創業前的準備

01 創業前，先該了解的事情

有些事情在創業之前必須先考量好、計畫好，光是靠一股衝勁做事只會撞的滿頭包而且容易出事。

　　若是真心決定要靠自己雙手創出一番事業，建議先列表清點自己目前擁有什麼東西是可以提供創業使用的。大部分的人都是由自己相關興趣、專精的部分當做創業主要開發的行業，畢竟興趣就是因為自己喜歡才會去做，比較容易樂在其中且輕易上手。

　　列表出來是讓自己的目標具體現實化，實際全方位考量所有相關層面，讓自己進一步了解創業帶來的大概風險有哪些。

　　剛開始比較辛苦，很多事情都要經過評估過後再行動，清點一下自己的財產，認清自己目前的狀況。

自己擁有的技能是什麼？要賣的是什麼？

　　想想自己擁有什麼技能？能夠做到什麼？顧客花錢要買的是你的專業，你的專業技能已經專精到足夠販賣了嗎？對於自己技能了解多少？技術上的問題自己是否能獨立解決？自己真的了解這個行業嗎？這可以說是最基本的訴求。連自己要做什麼都不知道，你要怎麼創業？

　　若決定要做事業是過去八竿子打不著的項目，務必先去實習、觀察別人是怎麼做的再來創業，什麼都不會就開始創業不但辛苦萬倍還有可能因為賣的東西不足市場需要而滯銷。

　　想要開店，就要知道自己有什麼能力、缺乏什麼能力。自己有的要更加專精、求進步；缺乏的就要去學習、請教，把不會變成會。很多老闆對於很多不同領域的事情也可以說的頭頭是道、略知一二，為什麼？因為面對市場需求跟事業精進，他就是要強迫自己學習、了解，除了增廣自己的見識為的更是避免被有心人士呼嚨。

不要道聽塗說，小心謹慎。

二十初頭時曾在一家公司行號上班，職務為業務助理。那間公司不斷地在徵業務，主管會要業務找自己的親朋好友推銷公司產品。公司產品是什麼？在市內某區大樓內建造宛如新堀江這樣一個商場，在那裡工作一個月薪水莫名被扣押拿不到時我就沒再去公司上班了。

然而該公司要人投資就會需要錢，沒錢怎麼來？就是銀行貸款。投資一股是三十萬，業務說的天花亂墜讓你投資了那三十萬，雖然有場地也有看到施工，開店卻是不到半年就倒閉。投資者既拿不到錢也沒看見自己投資的店面成立過反而是自己跟銀行有的借貸關係，未來幾年都要定期還銀行錢。

創業這種事情，建議還是自己親身力行最好，就算是要投資，想想自己的身分，既沒名氣也不是老闆更不是富二代，失去聯繫以久的親朋好友找你就是要投資開店卻又不用你參與其中……怎麼想都有問題。

過去跟友人告誡過，偏偏友人對於不知道幾萬年沒有聯絡的老朋友停留在對方是大好人的印象，不別有他，一

口氣貸百餘萬投資連自己的房子都抵押下去，結果該看到的店沒看到，公司行號跟朋友也不見了，人去樓空，得不償失。

關於創業，除了要堤防有心人士詐騙之外，自己更要親身去做，用自己的雙眼跟雙手把它建立起來。事業項目不要脫離自己的專業太遠，否則一問三不知你拿什麼專業讓人相信你會創業成功？

目標是什麼？規劃是什麼？

要有一個非常明確的目標，自己創業的目標是什麼呢？賺大錢？自由做自己想做的事？把自己的目標寫下來，寫上自己每個月要做到的事、每一季要達到的目標、半年目標、年度目標。寫下來就要開始計畫要要怎麼做才能達到自己寫的目標？要達到目標是否需要找人協助？

初期沒有一個底，可能寫的目標會太過巨大或描小，這是隨時做更動的，寫下來的目的主要是給自己一個明確的目標前進，有一個明確的目標就會讓自己更有執行的動力實行。

寫下這些，會更清楚自己該做的是什麼又或者看看自己所想的是不是太過天真簡單，明白事情的困難度可以讓自己更好做事，一來了解自己的膚淺二來明白自己的不足，重要的是明確知道自己不足之處，想辦法搞懂並解決。如果不清楚怎麼寫目標跟規劃，可以問問親朋好友，甚至上網搜尋那些成功者的經驗談，會找到你想要的資訊。

把這些內容寫成一份企劃書，當要跟親朋好友介紹你的事業時，會非常好用且易懂，它將會是幫助自己的利器之一。

自己有多少人脈？親朋好友能幫助到你嗎？

除了父母親跟兄弟姊妹之外，你有多少朋友可以請教？對於你不熟悉的領域，例如說怎麼租店面？怎麼記帳估算成本支出？想做招牌設計名片可以請誰協助？

你身邊有多少人可以幫助你？創業初期自然是能省則省、能不花錢則不花錢。租店面，若是友人就這麼剛好自家一樓空著沒用願意提供只需支付水電費用是不是就剛好減少了一份租金支出？

　　若是朋友在做設計方面工作，則又可以請對方幫忙設計名片跟招牌，這樣可能又可以省下設計費用只需支付印刷跟器材費用而已。重點是，感謝朋友的方式很多種，跟對方有一定交情的話甚至請頓飯就可以解決了，除了基本開銷，一堆錢都不用花。

　　當然，這是譬喻。重點是你有沒有朋友可以幫你介紹推薦更省成本的方法去做好創業前該準備器材週邊？當你找到店面需要簡單裝潢時是不是可以找到朋友來幫助你甚至提供協助？

　　創業是不可能單打獨鬥起來的，總會有幾個死黨等級好朋友在你需要幫忙的時候前來幫助你、助你一臂之力完成夢想。就算嘴上講的盡是讓人討打的話，必要時仍會出人出力幫你。

　　若是真的個性孤僻到沒有什麼朋友可以幫忙，就只有說服父母、兄弟姊妹支持自己，把問題告知家人，家人會幫助你的。創業這種事情，最好是能夠找到支持你的人，朋友也好、親人也好，有人支持你會更有動力努力下去。既然有人支持就要做出成果給人看，讓支持你的人有所回報。

不能急

創業是以年為單位的事業工程，最少要半年時間才能了解營運大概狀況，不可能第一個月就可以立刻看到成果。事業是長久的，要像水流般一直流動不停息，太過急躁跟盲目對創業一點幫助也沒有。

站穩腳跟一步一步，最重要的基底要打好不要偷工減料，否則就跟那些黑心建商沒兩樣，小小一個地震就垮了亂七八糟，自己的心血沒了也害慘住戶。所有過程都是要靠長期累積才能得到的成果，沉著氣莫急躁，做事業是沒有速成這回事。

小叮嚀

面對重要夥伴們，溝通這種事情千萬不要省。

02事前準備

認清優勢加以強化的同時更要認清明白自己的
缺陷不足之處。

開始動手為自己事業打拼之前，最好是在脫離有穩定
薪水之前，有些事情不得不先做，確定有市場、顧客有興
趣了再來開始，而且可以趁此時慢慢經營自己的顧客群並
了解顧客需求。

這種方式是為了降低風險作法的一種方式，也可以順
便看看自己的商品有多大的競爭力跟價值。感覺就像是現
在很夯的歌唱節目預賽，每個人都覺得自己很有實力，實
際上唱出來的歌卻只有少數能聽。

那些自以為歌聲很好的人，對自己都非常有自信，認定自己的聲音十分特別卻不曉得這個市場根本不需要這樣子的聲音。所以先做這些準備也算是參加一種預賽，在得到那張票進入市場之前試試看是不是真的有那個實力進場。

市場調查

對於自己準備要販售的商品，有市場可以推展嗎？有顧客感到興趣願意購買嗎？有需求才有供給，自己販售的商品是否符合市場需求都是一個考量範圍。過於獨特可能會沒有市場、商品沒亮點也很有可能沒有市場、產品市場若已經飽和就更沒有了，用著騎驢（商品）找馬（買主）的方式找市場不但商品會嚴重滯銷，有淨利之前又會大量花費成本。

先做幾項市場調查，確定自己要販售的商品有買主願意購買、有確定客源等待你的產品問世可以降低滯銷風險。同時也可以從顧客方面知曉目前產品可能有的缺陷與不足並加以改進繼續創新。大多數顧客提供的意見可以說是目前市場趨勢，依照趨勢做出顧客感到興趣的商品就會有賣出的理由。

一定要做估價表

　　確定要創業前，一定要做份估價表。估價表是會花費用到的費用，例如產品成本、店面租金、押金、水電、印刷、器具、耗材等。要賺錢，淨利就要大於成本支出，不過大部分創業初期，不虧錢、能達到收支平衡真的是要偷笑了。

　　再怎麼不懂財經報表類的計算，至少要懂這四種計算方式：

　　利潤（毛利）＝收入－產品成本
　　淨利＝利潤－其他成本（房租、水電等固定成本和人
　　　　　事費用等）
　　毛利率＝（利潤÷營收）×100
　　淨利率＝（淨利÷營收）×100

　　有利潤就表示商品有競爭力，有足夠利潤才有辦法做到收支平衡並取得淨利。毛利率高低就可以看出自己的商品是否賺錢，毛利率高不代表淨利率就會高，所以要詳細的紀錄其他成本支出項目，降低不必要的開銷花費、能省則省，才能看到淨利率變高。

做估價表，是讓自己對創業時的開銷大概了解，並估算自己大約要賺進多少收入才能達到收支平衡，至少讓自己有個底，不會成了冤大頭，讓人在初期騙了一堆錢出去做沒意義的支出。

千萬不要花超過自己能夠負擔的錢去做一個項目，這不但會害死自己還會害死周遭身旁每個人，台中某間標榜龍蝦吃到飽的店家就是最好的借鏡。員工領不到薪水、廠商收不到貨錢，顧客購買的餐券全變成廢紙……這種類型的經營方式千萬不要。

做好自我管理，全心全意投入

既然要當老闆，最好做好自我約束，心甘情願的做、對自己行為負責。不再是以往固定時間上班、下班就結束的事情，為了自己事業你可能會經常到處拜訪、到處應酬（看事業做多大），也有可能因為要做的事業過去從來沒有做過也沒有相關經驗跑去實習偷學功夫也有可能。

你用多少心思去做、去學，回報給你的就是多少經驗。做事業是沒有所謂打混摸於兼喝下午茶的事情，要專心、要全心全意投入才能成大事。經營自己，從同行同業

之中學習對創業有用的東西跟知識、能夠帶來財富的知識，學無止盡，一輩子都學不完。

創業是一種選擇，看你想過什麼樣的生活、想成就什麼事情。不斷的進步，才會有無限可能，中途會遇到很多問題、很多不知道的事情，作為一個創業者就是要解決問題、把不知道變成知道。當知道的越多，就越能夠選擇正確的答案。

自己要有所覺悟，創業並不是能夠讓自己天天睡到自然醒或是可以很輕鬆度過每一天的工作，你會每天醒來就會開始想著自己要做哪些事情是對自己創業有幫助的，晚上睡覺之前想的仍然是同一件事情，天天手裡做的也是有關創業的事項。

所以別在天真以為創業很輕鬆，會輕鬆的事業那不叫做創業。

做事做人要誠信

現在黑心商品一堆，無數知名產品出包，近期媒體寵兒應該就是某家知名麻辣鍋的湯底原物料出問題。當年

廣告打的這麼大，標榜食材如何優質結果現在被戳破謊言，惹了一身腥。

出來做生意，無論如何都要誠信對待每一位顧客跟員工。而不是天天高唱一堆大道理實際上在背後當小人做些不乾不淨的事情。有道有義本是商家即為自豪的本色，但到了現在全成了無道無義的良心被狗啃的黑心商家。唯有誠信做事，事業才能做的長久。真金不怕火練，貨真價實的商品，是不會怕這些流言蜚語攻擊。

筆者親人在瑞豐夜市附近開了一間二手店－精靈藏寶箱，每一次顧客詢問衣服是否適合自己時總是誠實回答適合or不適合。因為誠實，顧客回流率自然就高，也有好幾位顧客常會過來寒暄。

跟顧客互動最好是建立在誠信上，打好口碑很重要，口耳相傳在行銷上面永不失流行，你會希望從顧客之間聽到對自己的商店是什麼樣子的評價，取決於你自己囉！

做好心理建設

創業過程一定會有很多問題產生，中途一定會發生很

多讓自己感到挫折跟想放棄的念頭,是成是敗都在自己身上,壓力會很大。所以要開創屬於自己的天地就更要有無堅不摧的意志力與行動力。

創業中途會經歷無數個失敗,記得要從中記取教訓、改進錯誤才會進步而不是固執己見、不去正視過錯,那只會走向失敗一途而非成功。

在踏進這道大門前要做好多方面的探查檢討,事前準備做的越精準詳細,支撐自己走下去的動力就會越大且輕鬆一點。

家人的支持其實很重要,有身邊親友的支持,就會更有動力往前走。但不是代表遇到失敗就回頭找親友,而是要有扛下所有責任的肩膀、鍛鍊好承受壓力的心臟。

03 PEOPLE

創業不可能一個人單打獨鬥，會有親朋好友幫助或是找到合夥人一起創業，也有可能會需要徵人幫忙處理一些工作。無論如何，打好關係不但會比較好做事，你也可以放心去做那些對你而言更重要的事情。

　　在規劃出自己的目標跟計畫也寫好估價清單的時候，還有時間跟親朋好友聚餐聊天時多多少少會告訴自己的好朋友目前有的打算。如果你的計畫真的不錯或許會想要跟你一起合資、合夥。只是真的有那個必要性嗎？未來工作量變大的時候是否需要請工讀生幫忙？怎麼找才好？

　　或許會想，對方是我的好兄弟，我相信他。問題是每個人都是一個個體，你不會是他肚子裡的蛔蟲、對方亦然。對於行動方針、做事方針是不是跟你同一個步調？有

不少兩人以上一同創業的創業夥伴到後來卻拆夥各走各的嚴重的還反目成仇，有這些狀況不是沒有原因。

無論自己是怎麼找到跟自己共事的夥伴，自己一定要能管的動底下的人。從員工到顧客，都需要接受再教育的過程，方便不能當隨便，已經立好的規矩跟遊戲規則豈能被他人隨意打破？就算是顧客也是要被教育。

是否需要合夥人

雖然說兩人或兩人以上一起創業會輕鬆一點，各別拿出自己專精的部份一起創業，但若不能達到共識跟找到共通點，常常到最後就是拆夥的命運。

自己要對自己做的事情負責，若是因為害怕獨自承擔一切的壓力導致自己想要找個合夥人一起創業，最好不要。那表示打從一開始自己就沒有準備好要創業這件事情，沒有必要拖人下水。

真要跟友人合夥，選擇的人最好是對創業上面有專業級實質性幫助的夥伴，同時自己最好也曾經與對方共事一段時間。這樣至少了解彼此做事方式跟行為模式，減少摩

擦跟意見不合。在正式合夥前，達成共識、為同一個目標努力，這樣才不會因為中間產生過多問題產生而導致拆夥命運。

確定彼此是專業級的、對於創業兩人都有專精項目，兩人有相同的目標、對於細節部分有一定了解跟共識，若是對於品質上的要求、解決問題上的方式等都可以達成一致的話那就更好了。（這種夥伴超級難找，請好好珍惜）

是否需要團隊

除非你的兄弟姊妹父母都有一定的專業能力可以協助你、跟你一起打拼事業或是自己對於創業之上需要用到的專業技能已經強到自己做也可以的地步，不然還是會需要一個專業團隊去協助你。團隊跟合夥是完全不一樣的觀念，實際處理的工作範圍也不同，不可混為一談。

依照創業需求所找來的專業人士團隊，最好挑選該領域的箇中好手來做。畢竟花錢請人來工作就是要買他的專業能力，一來會因為對方專業知識足夠可以處理很多事情，二來可以省下過多的人事費用。

　　同時又可以從這些專業人士那裡學習自己不足之處，若很不幸的對方要離開，也不致於因為缺少此人的專業技術而鬧天窗。在工作中實踐學習，益處多多。

　　若真要找工作伙伴組成一個團隊，好的工作夥伴很重要，因為那會使公司文化開始慢慢形成。想要成為什麼樣的公司身為老闆可是身負重任的。

到底要怎麼徵人

　　既然要徵人，就要找可用且最好的人，『寧缺勿濫』四字其實就可以解釋一切了。事業剛起步，每一個跟自己做事的人都很自然地當做公司夥伴一起共事，老闆不單是老闆，更是這些員工一個指標存在，要怎麼建立公司風氣做好公司文化在選人上面就不可忽視。

　　對於工作內容要明確，不要誇大其詞說有多輕鬆有多好，有工作過的人都知道，世界上沒有一件工作是真正輕鬆，所以明確告知工作項目跟該一定會給的福利、薪資，願意留下來的人才是該考量是否錄用的人選。

畢竟才剛創業，盡可能尋找價值觀吻合、尚有衝勁且動力十足的人一起共事，這些人大多是不到三十歲的年輕人，可能出來工作資歷沒幾年，但是夠積極、行動力足，做事起來比較不會綁手綁腳，彆扭的要死。

找幾個志同道合的人一起共事，其實會輕鬆很多，問題是對他們來說這只是一個工作並不是他們自己的事業，要怎麼做好溝通讓這些人跟你有一樣的熱誠去奮鬥就是你的考驗了。

不該省的千萬別省

面對自己事業的重要夥伴們，溝通這種事情千萬不能省，畢竟事業才剛開始，公司文化還未定型，跟夥伴做好溝通是很重要的一件事情。表現體貼、同理感受，出現任何弊端皆用個案處理，信任夥伴做好榜樣，有誰會不願意跟隨呢？

但這一切仍建築在誠信處事之上，若是說一套、做一套，不但留不住人，自己的名聲也會開始惡名遠播。這樣會對自己的事業沾上一個汙點，若是沒有處理好，汙點可能還會越來越大。

若是真得到一匹好馬，自然就要當其伯樂想辦法留住人才來為自己的事業打拼，但若自己駕馭不住，導致野馬脫韁，受傷的絕對不是只有自己而已。規劃一個有系統的體制出來是一個不錯的辦法，有秩序而不會像盤散沙一樣亂七八糟又難以管理。

再教育

擬定好的規範要確實遵守，身為老闆更要做到以身做則才能讓底下員工信服。員工在進來工作那一天開始就在學習怎麼在老闆底下做事，但是顧客並不是，每位顧客有自己的個性、習慣、作風、想法，老闆找人可以找跟自己目標一致的夥伴，但顧客卻是百百種無法選擇。

再怎麼無法選擇，也不能因為顧客的格調降低自己商品的品質跟信譽，現在顧客被一些無止境的服務教育成不知節制的怪物，給了方便當隨便，給了再多的良好服務都是浪費。

所以在迎合顧客要求時仍要堅持自己產品品質，讓顧客了解商品的價值並不是因為顧客的一句話就成為廉價品。

所謂的再教育，是要讓顧客了解我們雖然是在開門做生意賺錢，但並不是可以無下限地任意摧殘。過度迎合顧客要求會造成的現象，往往是造成獅子大開口的結果。作為生意人，實在不該降低自己的格調去做那些不懂使用者付費道理的生意。

小叮嚀

面對重要夥伴們，溝通這種事情千萬不要省。

04 找到可以放鬆的方式

要堅強但不用假裝自己很堅強，適當的發洩有助自己在迷惘困惑的時候看到指標找到出口。

　　創業路途崎嶇難行，並不是每一次前進都是安逸平穩的道路。在做創業前準備時必定會遇到很多難題，沒有必要刻意催眠自己一切都很順利也沒有必要向別人證明一切如我所願。

　　創業是一條不歸路，開始進行就沒有後路可退。留有後路的思維通常辦隨著僥倖跟安逸，這樣根本就發揮不了宛如決一死戰的那份決心。這種時期的壓力是非常大的時刻，適時紓解壓力就變成一種例行功課。

不需要自己騙自己，只需要堅信自己會成功而非騙自己未來一定會成功，兩種想法差別很大，不要誤解了對於成功自己應該保持的態度跟想法。

發現自己迷惘時，停一下

所謂旁觀者清，當事者迷。往往最陷入問題其中的人，就越沒有辦法釐清問題所在跟重點，若是能把自身暫時抽離問題之中以第三人視野去看問題，很容易就會發現那個結到底在哪裡。

這一點，說是很容易做起來卻有難度。因為會被煩惱、躁鬱、不安等情況把自己淹沒，心情就像失足落入海裡的人，不斷隨著海面浮起沉入，時不時被海水淹沒難以呼吸、喘不過氣。

那種感受很難受，心底會一直想著全都是自己的錯，卻沒有發現問題並沒有那麼嚴重，是自己的情緒讓自己認為，千錯萬錯都是自己的錯。會這麼想的人，太在意他人眼中的自己了。深呼吸，喘口氣，暫時把自己脫離問題，暫時停止思考不要一直想著怎麼辦，讓心態歸零，當做自己是第一次『聽見』這個問題，『聽』著別人在說現

在發生的狀況是什麼。把這件事情當做是旁人在敘述的一則故事，身為旁觀者，就會聽到問題點在哪裡、重點是什麼，接著應該如何處理。

找到有益身心的方式來解壓

還只是準備期間的創業新手，在過程中會慢慢開始發現壓力逐漸生成，離跨出職場的日子越進，情緒就越容易緊張、無形之中給自己的壓力也會越來越大。無論如何，適量發洩壓力對自己有益、對他人也有好處。

發洩方式人人不同，有人壓力太大會大哭、喝酒、吃東西、運動；也有人壓力大是會罵人、打人、摔東西、砸東西，前者是還可以，後者是萬萬不可行。利用負面方式紓解壓力那叫做暴力行為，對自己不好也對他人不好，不要使用會傷害自己與他人的方式作為減壓的途徑！

運動是十分健康的好辦法，到公園走走、散步、做伸展操、瑜伽、聽音樂、跳舞、打撞球、打坐甚至到健身房打拳擊等。抒發是一種釋放，可以讓自己逐漸冷靜、讓大腦清晰轉動思考，經過紓壓，才不會因為情緒而意氣用事、隨便遷怒他人。

人本來就有情緒，但不應該讓他人無緣無故承受自己的負面情緒。你心情不好不代表全世界的人都要跟著你不好（我了解會很希望！），唯獨在快樂時要給全世界一起分享你的快樂。

如果快樂，記得分享

不要吝嗇拒絕分享自己的經驗，因為什麼得到幫助、快樂；因為什麼受到阻礙但又如何解決，不論大或小，跟他人一起分享這些故事。前人種樹，後人乘涼。

把自己的親身體驗分享給其他想要創業的人，讓這些身懷夢想的人們知道其中的風險跟益處，曾經犯過的錯誤讓他人知道要警惕，也讓他人知道有哪些方式是可以解決問題。

當你願意分享時別人自然也會願意分享自己的心得，你會因此受惠，得到更多。說不定還會從中找到有助於自己創業項目的契機進而精進自己的事業。現在有很多機構都會做一些創業相關的演講，大多是創業成功者的心得分享。可以多去聽聽幾場演講，很有幫助的。

05天下無難事

天下無難事，只怕有心人，夢想不是給你拿來
逃避用的藉口，更不該用玩票方式追求。

　　準備過程中，你會發現自己越來越有解決問題的能
力，得到的樂趣會大於工作，不怕失敗，了解失敗是什麼
更知道失敗之後要做什麼。這些事情，在開始創業後也會
越來越進步，越來越有經驗處理。

　　你會得到更多成長，而不再是遇事怕事、遇事則躲。
光是做到這一點就可以幾乎肯定這個人絕對會有一番成
就。因為你願意思考要做的事情、收集相關資料、評估風
險跟市場然後行動。

強化自己的決心，給自己理由告訴自己非要成功不可，世界上沒有什麼事情是不可能做到的。你不努力什麼都得不到；你很努力至少能夠得到；你很努力且樂在其中，不但得到你要的，身心愉悅的價格更是無價！

沒有人有義務要對你負責

部落客朱學恆先生曾發表過一篇文章，是一位讀者來信。一位夢想當麵包師父的學生，想要進餐飲學校念書，但分數不夠考不上、家長反對。沒有學徒經驗也沒有做過任何一項跟餐飲相關的打工就跑去應徵麵包師父職缺還怪投履歷都沒有下文。

超級典型的只會說卻沒有任何行動力的範例。心血來潮跟世界所有人說你要做什麼、你的夢想是什麼，實際上全部都只有在紙上談兵而已，你的堅持就只有三秒熱度連自己為什麼要做，目標又是什麼都不知道，你要這個社會（市場）回應你什麼？

社會（市場）是沒有任何責任與義務要因為你想追求夢想（創業）就必須對你讓步，而是自己要先經過一番努力擠進這個市場洪流之中，替自己佔領一席之地。

紙上談兵永遠是一個原地踏步作業並不表示已經開始在創業。自己都不願意對自己負責的人，哪裡有臉要求別人回應你呢？不是只有想而已更要行動做出成績，只說不做那叫打嘴砲，只想不做那叫在做夢。

欲獲成功就先接受失敗然後勇於嘗試

其實前面也說了很多次，過程出現問題或是失敗是一定會發生，而創業家本身就是失敗過卻會從中記取教訓一步一步向前邁進的人。那些人會不斷思考、不斷進步，除了有執行能力還有一套屬於他們自己的系統思考能力。

各行各業的成功者，對他們而言沒有什麼不可能的事情。他們會強化自己的內在動機，了解自己真正要的是什麼，把動機形成一個對自己的期望在把期望轉化成一種外在的渴望。

他們勇於嘗試、接受失敗，懂得運用思考讓自己的心態保持在渴望得到，以及相信自己會得到的階段，不會被過往的經驗束縛著，而是利用經驗去開拓得到自己渴望的事項。所有過程都是靠長期累積而來的成果，不是一朝一夕就可以完成的事情。

有點像是在玩RPG遊戲，你必須不斷打怪拿到經驗值，達到一定等級才能進入更高等級的地圖拿取更高級的物品寶石以及金錢，這些都是需要靠時間慢慢磨一步一步慢慢提昇。

碰到卡關，你會怎麼做？用金手指？那叫投機取巧不值得取。你會找功略、想辦法、從遊戲過程中任何蛛絲馬跡找到過關條件過關，繼續前進。創業就是這樣，經過這些淬鍊，你會更加成熟、處變不驚，更有機會邁向成功創業更進一步。

多做觀察然後延展開拓

從準備期間就該多觀察同行在做什麼、其它行業又在做什麼，別人怎麼成功，因為什麼問題導致失敗，同時，看看國外目前趨勢是什麼。長期觀察就會發現，自己要做的、要推廣的是跟的上潮流還是過時產品，進而改進便能找到之後的趨勢，世界將會因你而轉。

之後再試著去找還未延展開拓的區域，不是只看同領域的競爭對手跟市場，更要往外看看其他領域目前趨勢。現在有很多異業聯盟合作就是看準了這類蝴蝶效應形

成的商機進而與不同領域的業主合作。多用這類方式去尋找市場，會找到很多市場任你選擇。

　　所有的經歷都是一種過程，都是為了達到目標的必經過程，從觀察而得到的啟示，從啟示找到新市場跟商機都是一個過程，過程之中記得謹守自己的原則，而不是變成什麼都賣，沒有意義。

　　不要忘記自己創業的初衷，創業不是看到可以賣什麼就賣什麼的事業，一個人創業賣的是自己的技術、把自己的興趣轉為讓自己可以飽食生存的麵包跟黃油，忘了初衷到處奪取別人市場，極有可能變成市場拒絕你的進入，將你排除在外。

　　對於自己原本的事業要做到堅持，面對市場洪流更不可忘記自己的初衷以及目標，若是被洪流淹沒後就忘卻了一切，最終仍是會走向失敗一途。想要跨業發展不同領域事業，請做好萬全準後再說。

堅持下去勿忘初衷

　　每隔一段時間，或許是三天、五天、一週都可，拿出

當初自己寫下來的目標的文件，問問自己：

- 自己要了解做了這麼多準備是為了什麼？
- 自己堅持的是什麼？
- 為什麼要做？
- 目標是什麼？
- 為什麼想要達成目標？
- 選擇的原因會有什麼好處？
- 初衷是什麼？
- 這個目標為什麼對自己是重要的？
- 為什麼非要達成這個目標？

這個方式是拿來加強自己信念、一種強化意志的作法，主要是要自己堅持下去，在懷疑自己是不是做錯了或是質疑是不是到此止步，不曉得是否值得繼續走下去時給自己精神喊話的方式。

經由不斷的自我問答不斷探索自己，探討這個問題是不是真的就是自己真正想要的。經由這些你會一直進步、不斷累積自己的實力，人必須靠著腳踏實地的努力累

積自己的實力，進而面對更多關卡以及考驗。這個方式對我來說很好用，可以找回那份讓自己決定要做時的動力跟氣勢，告訴自己為了自己怎樣都要走下去、堅持下去並且相信自己會做到且完成目標。不要隨便半途而廢，提出勇氣做下去。

小叮嚀

對於自己原本的事業要做到堅持，面對市場洪流更不可忘記自己的初衷。

06 沒有什麼 比親身經歷 還來的真切

一些小故事，是筆者自己的親身經歷。這些故事是要告訴每一位創業者一個方向、一個可行的地方。每個人能夠做的事業不盡相同，希望這些故事會讓您有所啟發。

　　筆者包含自己在內共有四人創業，一是我、二是母親、三是兩位姐姐。我們每個人都有一個原因、一個理由告訴自己要創業，因為想，進而思考然後行動，這就是我們家女人的強項。

　　筆者有兩位姐姐，大姊在瑞豐夜市附近開二手衣物店，二姊則曾開民宿『台北‧背包之家』（現已轉交友人繼續經營）、現在是『整理吧！奇蹟な人生を始ましょう』收納諮詢師、在Mami Buy網站賣售母子手帳書

衣，目前又多了個藝術總監身分，多重身分且過的多采多姿。唯獨排行最小的我，過去雖想過要創業卻遲遲沒有行動，做別人員工十幾年後才決心要付出行動單獨創業，開創屬於自己的一片天。

母親的創業路

創業，應該是一種要努力、要進取、要維持的一個事業。早期父母親一起頂下友人的攤子開始賣起檳榔時便開始我家的創業始。只是當時父母親對於擺攤這件事情並不是用很認真的態度在經營，可以說是可有可無，經常因為夫妻兩人吵架之類的原因就沒有開店營業，長久下來就因為收入不足應付租金而關店。

母親退休後，因無法適應退休生活又再起了創業夢，因為愛唱歌做菜又拿手，便拿自己的退休金跟一點積蓄開了一間可以唱卡拉ok的小吃館，每天開店跟幾個朋友一起唱唱歌、聊聊天，收入不多不過收支平衡，偶爾還有小賺一筆。

母親是因為自己開心才又創業開店，每天的生活過的很開心，偶爾給自己放假看看孫子看看小孩，這是一種屬

於老人家一種浪漫。創業要的不是你要賺很多、成就很大的事，而是你能不能樂在其中，過的比誰都開心。因此開心，誰都欣慰不是嗎？

親人創業給我的感覺

兩位姊姊自己創業說辛不辛苦？當然有辛苦的地方，不過他們沒讓我看見過。大姊開店做生意一半是興趣一半是因為小孩，事業跟家庭兩邊跑很辛苦，但我看到的大姊總是神采飛揚非常開心而且自在。

對於自己的事業沒聽過他們喊苦，樂在其中就不用說了忙也忙的甘之如飴。只能說這幾個女人都是同承一脈，各個都是工作狂來著。

二姊對我來說就比較誇張一點了，契機是公司裁員，二姊自願被裁。因為當時早已有了一個夢想，就是開民宿。於是就拿了資遣費抓著身為室內設計師的丈夫一同設計裝潢屋子開了民宿。

有小孩期間自製子母手帳布套在網路上銷售、週末另外開課教小朋友畫畫當個美術老師，接著開設粉絲團當收

納諮詢師、現在則兼份工作當藝術總監。很忙碌，我看了都會覺得累，但是她仍樂在其中每天都做自己喜歡的事情，樂此不疲，每次相見看見姊姊的表情永遠是開心、明亮而且充滿自信。她們一直是我的驕傲。

我算是家族異類，與親人不同

說是異類誇張了，其實是父親對子女的期待不同罷了。筆者家庭狀況較為特殊，在此不多闡述，總之當時因為自身狀況加上長輩期望，自己並沒有想過要創業這一回事，從大學時期打工開始一直都是在做一般員工、領別人的薪水。

大約24歲左右，自己才有了想要創業的心思。不過當時是處於有想過卻不曉得自己可以做什麼，大約半年後才與友人合開工作室，說是工作室其實也只是一個名稱，沒有店面、沒有實體店鋪。

我們一起工作的地方是友人家當做雜物間跟停車的一樓，彼此分工合作做廣告DM設計。我擅長的是行政客服，所以對外管道由我負責，跟友人合作的期間也學點使用Adobe應用程式。

合作兩年左右卻因自身家庭因素拆夥，我又回到做別人員工的生活。雖然有穩定的工作、穩定的收入，我卻一直質疑這真的是自己想要的生活嗎？面對必須輪班且放假不固定的生活，真的是自己想要的嗎？筆者自我懷疑，於是又開始了想要創業的念頭。

三年醞釀準備

從想要創業到決定創業，筆者大概準備三年左右的時間。這段期間仍然在做一份有穩定收入的工作同時用接案子的方式賺點外快磨練技術。

這段時間辛苦嗎？很辛苦，常會有段時間質疑自己為什麼要這樣子折磨自己？為什麼要創業不可？甚至會想『已經有份穩定收入的工作了，這樣繼續做下去似乎也不錯。』的想法出現。

我沒有因此放棄，而是繼續做下去。唯一沒有預料到的是工作太過忙碌（輪班的工作對身體負擔不小，晚班後隔天接早班是家常便飯），結果把自己累垮了幾次，身體狀況拉了幾次警報。最後決定離職的契機就是我又再度掛點，察覺再這樣下去身體真的會被搞垮。

　　所以留好一個月開銷費用後，我就離職創了工作室努力為自己的目標打拼。只留一個月開銷費用是要告訴自己沒有退路，自己要在短期之內接到案子並要能賺到維持自己平日開銷的費用。

　　這是自己給自己第一個目標，並不需要賺大錢，平穩快樂即可。可以過的開心又可以把自己喜歡做的事情當做事業來做，這是屬於我的小確幸。

　　剛創業期間不穩定因子極高，身為創業者就要有堅定的目標當做依靠驅動自己去實踐目標。我很清楚自己的目標是什麼，才能夠這麼毅然決然的離開職場去做自己想要做的事情並為此努力。

　　我不是不怕失敗，但是若因為害怕就不敢踏出這一步的話就永遠沒有開創自己一片天的機會。給自己勇氣與明確的目標，對這條路堅定不移向前走，相信每個人都可以找到屬於自己的創業之路。

創業要能讓自己開心

　　從母親到姊姊們，到目前為止對於自己的事業都做的

十分開心而且很有成就感，每次見面皆充滿自信且愉悅的表情是我十分嚮往的地方。

　　工作也好、創業也好，若是無法讓自己在其中找到可以讓自己開心的地方，再怎麼做都是很痛苦的事情，所以我很慶幸，自己即使正處於最辛苦的階段仍然很快樂，打從心底喜愛現在自己正在做的事項。

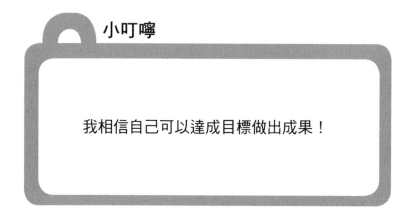

小叮嚀

我相信自己可以達成目標做出成果！

第 2 章

銷售力

01 7大說服力

唯有懂得與人溝通技巧，最終才能夠把自己推銷出去。

　　要在商場上成功，除了領導力之外，我認為你還需要「說服力」，也就是說，你要懂得說服別人，讓別人認同你的看法，那麼自然而然，你可以培養的人脈就越多，你可以談成的生意也能夠倍增。

1. 誠實至上

　　很多人在商場上，會運用很多溝通技巧，例如有人會用「孫子兵法」和客戶鬥智，也有人會設計一些話術，當

客戶講些什麼關鍵話語時，便用制式的話語來應對，事實上我認為與客戶之間的溝通，誠實是最好的對策。

有一天有一個許久未見的朋友，邀我喝下午茶，我那天下午沒事，因此便很高興地去赴約，在彼此聊天中理所當然的會聊到自己的工作，我朋友他是擺地攤的，在目前不景氣下，他依然可以月入十萬元左右，對此我也很為他高興，因為我知道過去他的生活很困苦，他目前可以有不錯的收入，生活應該很好過了。

不過他對我說，他最近晚上都去上課，我很好奇他去上了什麼課，他說他上的是些激勵的課程，不過我發覺他在聊天中，開始有點避重就輕，開始把話題引導至保健產品上。

我開始覺得有點不太對，我覺得他好像在對我推銷產品，果然，後來他提到其實他晚上在上的課程，是保健產品的直銷課程，他建議我和他一起去上課程。

由於我對直銷這個產業有一些認識，我不反對人從事直銷，不過我對於這位朋友對我的推銷手法卻很不以為然，我認為他大可以一開始就跟我說，他去上直銷的課

程，不必遮遮掩掩地說他去上激勵的課程，這不但會讓我覺得他對我不誠實，還會讓我覺得他特地邀我出來喝下午茶，就是要當他的下線。

想當然的，我最後當然是拒絕當他的下線，因為我認為要做朋友之間的生意，一定要用真誠的態度來說明，才是一個最佳的說服技巧，不過你可能會想到：「與人誠實要做到什麼地步呢？」

我認為最好可以做到像親人一般，把客戶當成自己的親人一樣對待，自然客戶不只會越來越喜歡你，對於你所提供的建議和商品，也能夠毫不猶豫地贊成，因此，若你能與客戶做到凡事真誠的地步，我相信你將會開始擁有說服力。

2. 快不如慢

在說服人的過程中，有很多人會想很快地讓客戶了解自己的想法，並且會在介紹完產品後，直接要客戶簽名買下產品，我認為除非是客戶本來就是打算要購買，你只是負責做一個說明而已，那麼這樣的說服基本上還算正常。

　　但是若客戶與你是第一次見面，你就直接把說明的過程很快地帶過去，想要客戶馬上買你的產品，那麼我認為你十之八九都會被拒絕，因為客戶會覺得自己根本不被重視，只是被當成業務員想要買產品的「工具」，而不是一個「人」來對待。

　　因此，在你練習說服的能力時，你要試著把說服的時間拉長，不要急著要在某一段時間裡就要說服對方，而是要慢慢地了解和關心對方，了解對方的心理，自然可以成功達到說服的目的。

3. 練習

　　要學會說服人，你就要隨時隨地都要去練習與人說話，除非你是要說服聾啞人士，那麼你可以不用說話，只需透過手語的方式表達，若你是要說服一般大眾的話，你就必須要用言語來進行說服。

　　因此練習說話是很重要的，你可能會覺得：「說話有什麼難的？我從小就會說話阿。」事實上，說話是一門很高深的學問，要正確地說對話，才能讓客戶願意聽你說話，只要客戶願意傾聽，你才有機會說服成功。

你要學會用清晰的發音說話，來讓客戶聽得懂你在說什麼，你還要懂得在說話的同時，不要用奇怪的臉部表達，例如有些人的眼睛會比較乾，有時候在說話時，會很不經意的扎眼睛，這會很容易讓客戶誤會你是不是另外在表達什麼。

另外，很多時候你講話的時候喜歡開一些小玩笑，但是很多人對於一些玩笑的定義不同，你可能會覺得無傷大雅的小玩笑，在別人聽起來，可能是一個很無聊的笑話，很多人會因為你講的笑話很低俗，就把你歸類為很低俗的人。

因此，在平常與親戚朋友講話聊天時，你就要經常地去練習說話的技巧，並且請教他們你在說話時，有沒有哪些地方他們聽不懂，或是需要改進的地方，如此一來，你才能越快練成說服人的技巧。

4. 專業度

基本上客戶會對業務員專業上的意見抱持著尊敬的態度，因此在七大說服技巧裡，加強自己的專業度，也是一個重要的技巧，假若你要賣一項產品給客戶，你就必須要

擁有對這項產品的各種專業知識。除此之外，你還必須廣泛地去閱讀和這項產品有關的知識。

例如你是一名賣濾水器的推銷員，你除了要懂得如何使用這個濾水器外，你還要懂得自來水經過濾水器後，會過濾成什麼樣的水質，而過濾的優良的水質，還能夠產生對人體哪些的幫助。

另外，你還可以舉例喝了濾水器的水，可以避免哪些疾病的發生，因此，以一名濾水器的推銷員來說，他不只是在賣濾水器，還是在賣他對水質與人體之間的關係的專業，透過這樣清楚的說明，自然能夠增強客戶對你的專業印象，成交的機率便會大增。

5. 謙虛

在表達自己的專業知識時，有一點我必須要特別提出來，就是你要保持謙虛的態度來說明，千萬不能用「客戶不買這項商品，就是笨蛋」的心態來銷售，

因為每個客戶要購買或是不購買，都有他們當下的想法，因此即使客戶不買你的產品，也不能用很輕視的態

度對待。在說明產品時，也盡量用客戶聽的懂話語來表達，例如一名理財專員要來銷售一檔新基金，不要用一些很少的專業術語，像是「這檔基金的風險等級是RR2等級」、「這檔基金有AAA的保證」等話術，就要避免去運用。

你可以說：「這檔基金的收益穩定、低風險、變現容易，我認為你可以考慮看看。」像這樣的話語，不只客戶聽得懂，並且你把購買的決定權交給客戶，客戶自然會認為你不只有專業，還有不錯的待人接物技巧。

有時業務員在說明時，會遇到客戶對他的讚美，例如：「謝謝你上次推薦我買這項產品，對我的幫助很大。」這時業務員千萬要以一種謙虛的態度來回答，千萬不能自以為是的說：「那當然阿，你聽我的準沒錯，我所賣的產品一定是完美的。」

我有一位朋友是從事證券業的營業員，有一天他的客戶打電話給他，問他最近可以買什麼股票，他推薦了一檔股票，結果這檔股票隔幾天大漲了近十％，結果客戶打電話給他，問他怎麼這麼利害，挑到這麼會漲的股票。我這位朋友居然回答：「那當然阿，我所推薦的股票一定是漲

不停的,你聽我的準沒錯。」結果你猜發生了什麼事,這位客戶居然解約跑去別的證券商下單了,原因就是出在我朋友對自己太過於自信,反而令客戶覺得反感,因此,保持謙虛的態度面對客戶,是每個人都應該學習的課題。

6. 與人為善

在商場上有一句話:「少一個敵人,就是多一個朋友。」因此無論你多討厭一個人,基本上你還是要維持著關係度,不要因為一些小事,而造成以後你在工作的潛在變數。

我有一位朋友多年前在一家電子公司工作,工作了幾年後,他決定自己出來創業,沒想到由於他長期與老闆不合的關係,他居然連一封辭職信都沒寫,就直接拍屁股走人,雖然他後來創業很順利,也賺到了一些錢,但是近期他卻遇到了瓶頸。

由於他公司要擴大業務的關係,必須與之前他上班的老東家有業務上的往來,這時他就很後悔當初對他的前老闆這麼不尊重,造成現在無論談什麼事情,都會被很莫名其妙的理由拒絕。

當時他來找我時，我就勸他在商場上要多交朋友，而不是凡事以為自己就是最偉大的，並且我建議他從修補前老闆的關係開始，多探聽那位老闆的喜好，並且針對這些喜好，給予一些感動的禮物。

後來他打聽到那位老闆喜歡喝研磨咖啡，剛好他上個月剛從巴西回來，帶來巴西特有的咖啡豆，他馬上安排時間與那位老闆見面，除了陪不是之外，還送給他一包巴西咖啡豆。

後來他要臨走前，那位老闆直接答應了這次的業務合作，他也終於改善了與那位老闆的關係，由此可見與人為善的重要性，雖然很多時候我們與人爭吵時，當下會覺得沒什麼，但是卻會為自己埋下未來失敗的種子。

7. 讓人信任

說服力的最後一個技巧就是要培養「讓人信任」的能力，基本上要達成這項能力說難不難，說簡單也沒那麼簡單，就是你要做到「言行合一」的地步，自然別人會對你產生信任感。有個超級業務員曾經出過一本書，書中提到他在拜訪客戶前，都會面對鏡子，用雙手把自己的嘴巴撐

開，大聲說出：「我是最棒的，我是最好的，我是最優秀的業務員。」

有天他去拜訪一位上市公司的老闆，約好下午三點見面，他提早在二點五十分就到了公司，並且在洗手間裡整理自己的服裝儀容，照慣例，他用手把嘴巴撐開說出：「我是最棒的，我是最好的，我是最優秀的業務員。」

這時洗手間裡有個人張開嘴巴看著他，覺得他很不可思議，並且搖著頭走開了，這位超級業務員不以為意，繼續他的個人激勵，等到三點整時，秘書通知他可以進去了，他打開門一看，看到那位上市公司的老闆，就是剛剛在洗手間遇到的人。

結果你猜發生了什麼事。

「無論你今天來賣什麼產品，我全部都買了。」那位老闆說。「老闆，我都還沒介紹自己的產品阿。」那位業務員覺得很驚訝地說。「我看過你寫的書了，你剛剛在洗手間所做的，跟你書上寫的一模一樣，代表你是個言行合一的人，因此我信任你這個人，也決定會購買你所賣的任何產品。」

這就是一個「讓人信任」的絕佳例子，若你在人前人後的言行都是一致的，那麼長久下來，你的好名聲自然會受人敬重，當你想要賣產品或洽談業務，自然能夠馬到成功。

　　唯有懂得與人溝通技巧，最終才能夠把自己推銷出去，我經常在課堂上告訴我的學生：「賣商品不如賣你自己，你自己就是品牌。」

　　因此，建議你一定要多多練習這7大說服力，我相信一定可以培養你創造出個人品牌，讓我們再來複習一下這7大說服力：

7大說服技巧

1. 誠實至上	把客戶當成自己的親人一樣對待,若你能與客戶做到凡事真誠的地步,我相信你將會開始擁有説服力。
2. 快不如慢	把説服的時間拉長,不要急著要在某一段時間裡就要説服對方,而是要慢慢地了解和關心對方,了解對方的心理。
3. 練習	在平常與親戚朋友講話聊天時,你就要經常地去練習説話的技巧,如此一來,你才能越快練成説服人的技巧。
4. 專業度	基本上客戶會對業務員專業上的意見抱持著尊敬的態度,因此加強自己的專業度,也是一個重要的技巧。
5. 謙虛	對自己太過於自信,反而令客戶覺得反感,因此,保持謙虛的態度來面對客戶,是每個人都應該學習的課題。
6. 與人為善	雖然很多時候我們與人爭吵時,當下會覺得沒什麼,但是卻會為自己埋下未來失敗的種子。
7. 讓人信任	若你在人前人後的言行都是一致的,那麼長久下來,你的好名聲自然會受人敬重,當你想要賣產品或洽談業務,自然能夠馬到成功。

02 創業的地基

創業是要靠銷售來維持成長的，不是靠熱忱就
可以讓一家公司的業績蒸蒸日上。

    我有一個朋友的舅舅因為工廠倒閉後，決定要去菜市
場賣水果，但是賣了一陣子，他的水果攤業績一直沒有起
色，即使他把價格大幅降低，業績依然起步來，他受了很
大的挫折。

    他覺得很奇怪，菜市場另一家大姐的水果攤生意就是
特別好，並且他還觀察到，她所賣的水果並沒有特別便
宜，除非到了快收市時，她才會稍微降價，那位有一天他
鼓起勇氣，去請教那位賣了近三十年的婦人。

「不好意思，大姐，我想請問你，為何有這麼多人來買你的水果？你的水果並沒有特別便宜，我同樣在賣水果，為何就是賣不起來？」他鼓起勇氣地問。「你幾點起來去批發水果？」這位婦人沒有正面回答，反而問他一個問題。「我都四點多起來，五點到批發市場批水果。」他回答。

「我這三十年來，沒有一天晚超過三點去批發市場，有時候遇到拜拜的旺季，我甚至兩點就會去批發。」她說道。「你可以吃吃看你的水果，是不是最上層比較甜，底下的甜度就沒了，我的水果從最上層至最下層的甜度都是最好的，並且我會堅持我的訂價策略，不會隨便讓客人殺價。」她繼續說道。

「原來如此，原來我太小看了賣水果攤的小生意，這跟我以前開工廠一樣，必須要勤奮研發商品，並且積極開發客戶，工廠才能夠維持。」他若有所思地領悟到。

你的銷售策略是什麼？

很多人創業一開始都是想到要如何研發出最棒的產品，然後開始做一個顧客都會大買的美夢，完全不擬定

一個銷售策略，如此一來，創業非常容易在一開始就慘敗，因為創業最終是要靠銷售支撐住經營，絕對不是單純地靠一時的熱忱，就可以讓一家公司的業績蒸蒸日上。

就如同那位大姐的水果攤，她就設定好自己的水果定價就是不二價，我相信剛開始客人一定不多，但是只要買過她水果的，一定會驚嘆到怎麼有這麼好吃的水果，自然會一個介紹一個，生意自然會蒸蒸日上。

不過當然產品的品質也是要顧到，像她三十年如一日，刮風下雨都要堅持早起去批發好水果，這也是需要一個做生意的毅力的，因此有了好品質的商品，只是保持住競爭力，真正拉高業績的，還是需要銷售策略。

定價和通路

學校行銷學上會教導4P的行銷策略，這4P即是產品（Product）、價格（Price）、通路（Place）、促銷（Promotion），但是在實際創業的過程中，創業家通常都只會把專注力放在產品（Product）和促銷（Promotion）上，而忽略掉了價格（Price）和通路（Place）的重要性。

一模一樣的商品，地點不對的話，業績也會差個天高地遠。舉例來說，我認識一家義大利麵店的老闆，他在二個地點各開了一家義大利麵店，一個是在工業區，一個是在學校附近，結果學校附近的店業績始終維持高檔，而工業區的店面卻怎麼做促銷就是沒人來，這就是忽略掉了通路（Place）的重要性。

此外，之前那位大姐開的水果攤，就是強調價格（Price）的堅持，才能夠讓自己的產品毛利維持住，因此，我建議你若想要創業，一定要往高毛利的創業模式去走，就算是小生意也沒關係，只要把毛利維持住，自然就可以存活下去。

不景氣怎麼銷售？

很多人不敢創業的原因，甚至創業後的業績無法成長，都會怪罪於目前景氣不好的原因。

其實曾經有個統計，假設一個人可以活到八十歲，那麼他所經歷景氣不好的時間，總共大約是六十年，也就是說，我們人一生中，大部分的時間裡，都生活在不景氣中。因此成功的創業家，應該是要學習如何在不景氣中存

活下去，在有限的景氣歲月中衝刺業績，進而把獲利預備好度過景氣寒冬，如此經過幾次的景氣循環，不只能讓企業壯大，還能夠讓企業可以在面對惡劣的經營環境裡，繼續保持成長動力。

至於在不景氣的時候，要怎麼擬定銷售策略呢？我認為這時候要專注於「品牌」的經營，因為在不景氣的時候，民眾難免會減低購買力，因此除了生活上的基本開銷外，就會把錢努力存下來，這是人之常情，因此這時候的小企業，反而是一個很好的竄起機會。

因為當景氣不好時，大企業的獲利也會銳減，他們會把心思花在如何降低營運成本上，例如減薪、裁員、無薪假等措施，都是大企業要因應不景氣所必須採取的行動，而這時候的小企業，就比較沒有這方面的問題，因為員工本來就少，而且很多小公司的成員都在五人以下，所以人事成本這方面就佔到了優勢。

所以小公司這時就要努力建立起自己商品的品牌，因為不景氣時，大公司的行銷預算相對也會大幅減少，甚至把整個行銷預算刪除，而這時小公司若跨出一步，專注於自己的品牌行銷，讓民眾至少在心中有個印象，漸漸培養

他們對新品牌的忠誠度，那麼當景氣一回春時，小公司的獲利將會大幅彈升，規模也會迅速壯大。

天生的銷售員

我女兒今年滿五歲，我記得當她出生時不會講話，只會用哭聲來表達她的需求，剛開始我沒有注意到，當她的哭聲不同時，就會有不同的需求，例如當她肚子餓時，是比較尖銳的哭叫，當她尿布濕了，是比較小聲和斷斷續續的哭叫，而當她想睡覺時，有點像小孩子的哭鬧。

對小嬰兒來說，她就是用哭聲來銷售她的需求，而我們因為是她的父母，無法拒絕她的銷售技巧，因此一定要買單去照顧她，因此這也說明著，我們每個人都是天生的銷售員。

每個人一出生，都曾經用過這樣的技巧來與父母溝通，只是長大後，因為求學的關係，把心思花在課業上，反而沒有學習如何與人成功的溝通，這是非常可惜的一件事，因為我認為課業上的成就，僅僅只是在求學階段有用而已，出社會後，與人溝通的技巧，才是獲得成功的捷徑。

有的人很想學銷售，可是就是不知道要如何學起，這時我都會建議他們去從事業務的工作，因為幾乎百分之九十的老闆，過去都從事過業務甚至直銷的工作，因此當他們自己當老闆後，會懂得如何把東西賣出去，自然公司的運轉會比較快上軌道。

因此業務這工作雖然辛苦，而且一開始的薪水很少，但是只要堅持久了，收入一定會呈倍數成長，絕對比上班族的薪水好很多，再說，若是打算創業，但是卻不懂得賣東西，那麼公司要靠什麼獲利？

我有位朋友過去在一家電子公司從事行政方面的工作，她已經在那家公司當上副總，薪水也穩定，但是她有一天來跟我說，因為家裡房貸的關係，她想去當保險業務員，希望可以多一點收入，可是又擔心業務工作的薪水不穩定，很沒保障。

那時候我強烈建議她，若是想獲取較多的收入，除了創業，就是去做業務的工作，她決定去當保險業務員，就是個很明智的抉擇，後來她聽進去我鼓勵的話語，轉職到一家大型壽險公司工作。如今她在那家公司也當上了業務副理，不過薪水卻是上個工作的十倍之多，她不只提前十

年還清房貸，聽說一年還安排二次長期的國外旅遊，她真正體會到了學習「銷售」，才能得到財務自由的真諦。

打好地基

如果把蓋房子比喻成創業的話，那麼想出商機，就好比畫出設計藍圖，而銷售策略，就好比打地基了，房子要蓋的好，有個穩固的地基是非常重要的，而公司獲利要上升，也是要建立在強大的銷售力上。

直銷業就是一個完全建立在銷售上的產業，雖然這產業經常被許多人誤解，因為有些業務人員的銷售技巧太超過了，因此容易讓人產生反感，自然久而久之，會讓人對直銷業的印象很差。

不過進入直銷業的第一份工作內容，就是教你如何把東西賣給人，而且是陌生人，這會讓一個完全不會銷售的人，在短期間內快速學會銷售，進而賣出商品得到佣金，而公司也能夠獲得利潤。

因此假設你想打好創業的地基，並且想短期內就學到銷售技巧，那麼進入直銷業是一個不錯的選擇，雖然一開

始會很辛苦，但是從事直銷一個月，絕對勝過一般上班族上班十年的時間。

當然，當你學到銷售後，你不一定要繼續從事直銷，你可以開始從小生意做起，因為你學會了銷售技巧，你建立起了任何商品都可以賣出去的信心，那麼自然可以踏出成功創業的第一步。

小叮嚀

創業絕對不是單純靠一時的熱忱，就可以讓一家公司的業績蒸蒸日上。

03 網站創業

> 運用業餘時間，創建你的網站事業，你要由目前的上班族，透過網站轉為企業家。

　　這幾年網站的興盛，造就了一波波的商機，有人可以從網站發表自己喜歡的文章，甚至進而成為當紅作家，我卻認為網站也是一個極佳的創業管道。

想一想以下的問題

　　您滿意目前的工作及收入嗎？您是否尋求突破卻苦無機會？你願意再繼續做目前的工作二十年嗎？你覺得現在擁有的生活方式是你想要的嗎？當然或許你厭倦目前的工

作，但仍缺少改變的勇氣，又或者、你滿足於目前所擁有的一切，不想再有什麼變化！

那麼誰也無法勉強你，你可以選擇保持現狀，但是當你選擇保持現狀後時，請你自己問問看你自己一個問題：「你想當一輩子的上班族嗎？」

不景氣的出路

近幾年來的不景氣，造成使得許多企業紛紛倒閉，很多工作機會都將會消失，雖然政府即將開放三通，但是我認為老百姓的經濟問題依然無法解決，因為開放三通後，上班族無法馬上轉行，或是薪水馬上暴漲，所以個人的所得依然無法增加。

所以若要實質增加自己的所得，最好的方法就是上班族可以開始自己做生意，這樣不只所得可以增加，而且還能夠「順便」踏上創業之路，讓自己有機會可以成為一個企業家。

成為企業家是一個最理想的狀態，不過因為創業的風險實在太高了，多數的上班族是不被允許有太躁進的創

業舉動的，但是一年又一年的過去了，收入還是沒有增加，小孩也漸漸大了，需要學費，以後或許還要出國留學，這該怎麼辦呢？

網站的興起

這幾年興起的網站，讓我看到了一個創業的管道，因為透過網站創業，幾乎沒有風險，只要你有想法，並且肯付出行動，你馬上就可以透過網站創業。

若採用網站創業，上班族可以繼續維持現在的收入，不需要擔心是否會對家人造成太大的壓力，最重要的，用網站創業你還可以允許「創業失敗」，因為即使失敗了，大不了再重頭開始進行，而且還可以從失敗的經驗裡學習寶貴的經驗。

網站可解決三大難題

「網站開公司可能嗎？」這個問題的答案對我來說，當然是肯定的，目前我們團隊用網站建立了公司的定位，企劃了未來公司的發展方向，甚至還跟客戶開始用網站彼此互動，而這些花不到我們多少錢，頂多是一些上網

傳輸費和電費，所以開公司最大的門檻——資金，輕而易舉的躍過了。

再來，開公司要成功，最重要的是要找到志同道合的夥伴，也就是建立公司的團隊，這方面我本身是邀請週遭的兩位朋友一起合作。

不過我在公司工作時，卻經常上網找尋部落客，尋求他們的合作和協助，實際上，若我要提出要他們進公司團隊裡，也不是不可能的事，所以團隊的問題也解決了。

最後，公司的產品要賺錢，最需要的就是行銷力，行銷這一方面網站可說是佔盡了優勢，不只互聯網功能超強，並且透過網站，可以聚集一群跟格主關心同個主題的網友，所以網站行銷的密集和有效性，我認為是非常強大的。

開公司最大的三個門檻，網站已經可以輕易地幫你達成，你還在猶豫什麼？現在就開始想想，你可以滿足哪些人的需求，若暫時想不到也不要給自己太大壓力，記得經常放在心上去思考，若是你現在有一些好主意，那麼……你還在等什麼呢？儘管去做吧！

如何開始

　　我想目前的你，應該有點想從網站開始創業，但是你一定會有個想法：「我要如何開始？」對此我先建議你，先找出你可以販賣的商品，然後以這商品為圓心，開始往外開始想設計、銷售和行銷等問題。

　　等到你把這些問題一一克服時，你可以開始籌備資金，你能夠慢慢存錢，也能夠像親友借錢，若你很有把握的話，你甚至能和銀行貸款創業資金，因為用網站創業，成本已經很低了，因此建議你把創業資金，盡量運用在設計和行銷商品上，相信你一定會有很好的開始。

　　現在你要做的，就是在下班或是週末時，運用業餘時間，創建你的網站事業，你要由目前的上班族，透過網站轉為企業家，但是由於創業的風險極高，因此網站可以讓你同時具有上班族和企業家的身分，等到你所建立的企業獲利開始大幅超過上班的薪水時，你就可以很瀟灑的跟老闆說：「老闆，我不幹了，因為我賺的錢，比你給我的薪水多。」

網站創業的好處

資金	用網站建立公司的定位，企劃未來公司的發展方向，甚至還跟客戶開始用網站彼此互動，而這些花不到多少錢。
團隊	邀請週遭的朋友一起合作，不過我在公司工作時，卻經常上網找尋部落客，尋求他們的合作和協助。
行銷	行銷的互聯網功能超強，透過網站可以聚集一群跟格主關心同個主題的網友，所以網站行銷的密集和有效性是非常強大的。

04大格局行銷

川普的「大格局」精神，不能小鼻子小眼睛地
去執行行銷，才能夠讓行銷徹底達到銷售成長
的目標。

　　行銷是商業活動中，極重要的一環，但是因為行銷通
常在商業中是屬於商品生產後的執行動作，因此有很多創
業家因此忽略了行銷的重要性。

擬出行銷預算

　　目前很多公司老闆都會認為行銷沒什麼用，甚至認為
現在用部落格行銷就好，也不需要花什麼金錢，藉此省下
一筆行銷費用，事實上，要做好行銷，就要有一定的行銷

經費，創業家不只能抱著「想要馬好，又不給馬吃草」的觀念。

至於要如何擬定適當的行銷預算呢？

我認為要依據預期的營收來制定，一般說來，若你公司未來一年的營收為一千萬，那麼你至少要擬定一百至一百五十萬的行銷預算，也就是說，行銷預算可佔營收的十至十五％的比例。

若是你的公司目前規模很小，那麼你更要撥出行銷預算，因為不管你的產品設計的多好多精良，沒有透過行銷讓消費者知道，最終你是無法讓公司獲利的，基本上在創業初期，越注重行銷的老闆，將會越快讓公司步上軌道。

找到對的行銷高手

有了行銷預算後，接下來就是要找到會行銷的高手，基本上，會做行銷的人很多，但是卻很少有人會做一個成功的行銷，因此，要判斷一個人是不是適合請來做行銷，最簡單的方法，就是看他過去的成績單。

　　有過成功行銷經驗的人，基本上不管做任何的行銷都有一定的水準，因此千萬不要讓菜鳥去執行行銷的任務，尤其若是你的行銷預算有限，就千萬不要抱著試試看的心態讓人行銷。

　　最好的行銷人員，我認為是做過銷售工作的行銷人員，因為銷售工作可接觸第一線客戶，若行銷人員有這樣的經驗，那麼他在執行行銷任務時，自然會想到所執行出來的行銷效應。

不同的行銷管道

　　行銷千萬不能只靠一個行銷通路，你必須大膽地去想越多的行銷方式，舉例來說，假設你是一個手機製造商，你不能只靠著電視廣告或是網站做行銷，你還可以利用公車做廣告，有些觀光區還有馬車，你也可以用馬車背後的空間做行銷。

　　你能在高速公路上的T壩做行銷，你也可以在計程車上的車頂做行銷，甚至你還能與一些販賣手機的網站合作，直接寄發電子郵件做行銷，總而言之，你必須想越多的行銷方式去做，不能只單單依靠一種行銷方式。

你的行銷預算有限，你也不能侷限在預算上，就不做大規模的行銷，我曾經編輯過一本書，當時老闆給我的行銷預算只有五萬元，我決定舉辦一個抽獎活動，活動辦法是每週抽出一位幸運讀者，獎金是五千元，並且活動長達二個月。

　　我還與網路書店合作，發出一個抽獎活的電子郵件給這網站的會員，如此一來，雖然我的行銷預算不多，但是我依然可以辦出一個有聲有色的行銷活動，經過那次的行銷活動，我領悟出了行銷的一項技心法：「行銷要大膽，就會有大單。」

部落格行銷

　　近幾年由於部落格的興盛，許多企業紛紛開始運用部落格來替公司做行銷，但是大多數的企業只是把部落格當做一個宣傳的管道，或是老闆抒發個人看法的佈告欄，事實上，部落格有許多功能，可以幫助企業快速達到行銷的目的。

　　部落格最大的功能，就是能達到溝通的行銷目的，也就是說，部落格的格主可以與所有來部落格的網友做一對

一的溝通，藉此達到深度行銷的功能，基本上客戶會對於肯與他們做溝通的人產生好感，進而購買這些人所販售的商品。

基本上部落格可以取代所有網站的功能，在產品開始販售前，可以用部落格做行銷預告，產品上市時，能夠把部落格當成廣告的一項通路，當客戶對商品有問題時，也能夠把部落格當成售後服務的一項工具。

目前很多人已經習慣於網路購物，越重視部落格行銷的創業家，將能夠把拜訪部落格的網友，直接引導至銷售，進而讓公司的獲利大幅成長，我甚至建議許多公司可以直接關掉網站，把公司網站轉為一個個部落格，我相信一定能獲得意想不到的行銷效果。

別忘了銷售

行銷最終都是為了銷售，因此在做行銷企劃時，除了要找有銷售經驗的人來做行銷，所有的行銷活動也必須要有個銷售主題，例如可以舉辦一項折扣的行銷優惠活動，或把銷售的百分比捐給慈善機構，甚至可以與特定的機構團體合作，針對他們做獨特的行銷優惠。

很多行銷之所以失敗，就是因為沒有針對行銷後的銷售做準備，以至於行銷的文案沒有主題，行銷活動也不吸引人，在創意方面也不採取大膽的行銷方式，自然這樣的行銷後果是失敗的。

我曾經見過一個行銷結合銷售的成功例子，就是一家房地產公司，讓旗下所有的房地產仲介人員，上網寫出他們最令人感動的客戶，並且結合電視廣告和網路，作全面性的一個行銷活動。

結果這次的行銷大大打響了這家房地產公司的招牌，並且加深了客戶對這家公司的印象，這次行銷的效益，不只扭轉了業務員只是賺取佣金的形象，還讓大量的客戶認同這家房地產公司的品牌，造成當年度的營業額大幅增加了近四成。

美國房地產大亨唐納·川普說出他做生意成功的秘訣就是：「永遠想到大格局。」因此無論他所建造的房子，經營的賭場，開發的高爾夫球場，他都是以最高品質和規格來設計，在行銷上要成功，我認為也是要學習川普的「大格局」精神，不能小鼻子小眼睛地去執行行銷，才能夠讓行銷徹底達到銷售成長的目標。

大膽行銷

1. 擬出行銷預算	不管你的產品設計的多好多精良,沒有透過行銷讓消費者知道,最終你是無法讓公司獲利的。
2. 找到對的行銷高手	會做行銷的人很多,但是卻很少有人會做一個成功的行銷,要判斷一個人是不是適合請來做行銷,最簡單的方法,就是看他過去的成績單。
3. 不同的行銷管道	行銷預算不多,但是依然可以辦出一個有聲有色的行銷活動,我領悟出行銷的一項技心法:「行銷要大膽,就會有大單。」
4. 部落格行銷	部落格最大的功能,就是能達到溝通的行銷目的,也就是說,部落格的格主可以與所有來部落格的網友做一對一的溝通,藉此達到深度行銷的功能。
5. 重點在銷售	在做行銷企劃時,除了要找有銷售經驗的人來做行銷,所有的行銷活動也必須要有個銷售主題。

05 3大暢銷力

行銷力在創業過程中，是屬於較容易入門，但是卻很難學的好的一門學問。

　　我有個朋友也在出版社當總編輯，有一天他來找我，問我說他們目前的書籍品質已經很不錯了，為何讀者還是不買呢？

好書的定義

　　我為了深入了解他們公司的問題，我就答應替他們公司做一個診斷，我親自去他們公司，參與他們出版的流程，後來我給予這編輯團隊一些建議。

我發現他們每次在公司開編輯會議時，這個編輯團隊有個很大的盲點，他們都在討論，如何做出最好的書呈現給讀者，卻很少去討論如何去賣書，所以我在這參與的結束時，我說了一句他們應該不太喜灣的話：「好書不一定暢銷，暢銷的書才是好書」

「暢銷的書才是好書」這句話在商業社會中尤其重要，因為再好的產品，若是消費者不知道這個產品的話，最後賣不出去，之前的努力都只能說是「做興趣」。

因此一直以來我都給那位總編輯一個建議，你的團隊花了多少的時間去製作一本書，就要花相等的時間去行銷這本書。

經過我的建議後，那位總編輯開始重視行銷部門的運作，並且增加了幾位書籍行銷的人員，後來果然他們所出的書都有不錯的銷售量，並且他們也重新打造了出版社的品牌，讓讀者的回購率也增加了近五成，可見若是行銷做的好，就絕對能把一家公司的業績撐起來。

You are fired

　　《誰是接班人》影集是我非常喜歡看的一個節目，我從川普的口中，學到了很多在商場的要如何成功的真道理，對我來說，川普就好像我的「富爸爸」一樣，只要我在工作上遇到了瓶頸，看個一兩集的節目，我馬上就能夠突破瓶頸。

　　有一集，川普給學徒們的功課是要他們做出自己的T恤，然後賣給消費者，誰賣的多誰就獲勝，當然，輸的那一方，代表的是有人會被「解雇」，這一集的最後，照例落敗的那方進了會議室，並且據理力爭的說：「我們做的T恤比他們好。」

　　川普也很認同落敗組的T恤做的比較精美，但是他說了一句我永遠忘不了的話：「但是，這是一個銷售比賽」，沒錯，這不是一個做T恤的比賽，做完後沒有評審評分，唯有多賣T恤才能夠獲勝，因此川普講完後，照例，他挑了一個人說：「You are fired.」

　　可見公司在商場上要生存，不只要考慮生產出精美的產品，更要知道如何賣出精美的產品，在川普的競賽

中，比賽輸了頂多是被淘汰，但是在商場上若是輸了，很
有可能公司會直接倒閉。

小公司更需要行銷

　　很多小公司的規模很小，小到只有力量去研發產品，
但是我總是提醒這些小公司的老闆，就是因為公司規模
小，所以更需要行銷，因為唯有成功的行銷，才能讓小公
司存活下去。

　　很多小老闆會反應，他們已經沒有多餘的預算再去行
銷了，對此我會給予一個建議，雖然每個人的專長不一定
是行銷，但是要把公司裡的每一個人，都當成是「行銷業
務」，任何有助於銷售和行銷的點子，一想到就授權他
們馬上自己去做，因為他們沒有時間開會去討論行銷計
畫，唯有「馬上去行銷」，才是我認為最好的策略。

　　因此我給一些小公司的老闆一項建議：「寧願花時間
把產品做到完美，不如花時間把行銷做到完美。」雖然我
這項建議有些老闆不能接受，尤其是有研發背景的老闆更
是如此，他們會認為把產品做到完美，才對的起客戶，客
戶也才會購買。

事實上，若是你沒有把你的產品讓更多人知道，即使你生產出了完美的產品，客戶依然沒有管道去購買，就像比爾蓋茲若沒有把微軟的作業系統，透過行銷讓全世界的客戶都可以買到，那麼這個改變人類的作業系統，或許還放在比爾蓋茲的倉庫裡，比爾蓋茲也不可能會成為世界首富。

創業的順序

一想到創業，大家首先總是會想到要賣什麼產品、找誰合作、找誰要創業資金等等問題，一般人的創業順序可能會如下圖：

產品 => 資金 => 團隊 => 行銷

沒錯，產品、資金和團隊的確是創業重要的一環，但是很多人卻沒有想到，甚至忽略掉一點：如何行銷？

因為產品生產出來是要賣掉才有收入，投入資金也要靠銷售，資金才能回收，而團隊的薪資，更要靠著銷售才

有薪水可以支付,可見唯有行銷力才能夠為一家公司帶來實質的收入,因此我認為最佳的創業順序應該如下圖:

行銷 => 團隊 => 資金 => 產品

把「如何行銷」這個問題,放在一切之前,現在已經是網路時代了,若能透過網路的各個功能來先做一切的行銷,甚至在產品還沒產生時,就能知道會有多少收入進來了,因此,若你想創業,請記得:行銷力才是競爭力。

行銷不等於銷售

若是你是一般的上班族,你依然需要行銷的力量,舉例來說,當你在找工作時,在面試的過程中,你要懂得行銷你自己,在跟客戶接洽時,你也要懂得如何介紹產品或企劃,才能讓客戶接受或購買,因此我認為每個想成功的人,都需要打造自己的行銷力。

你可能會問我:「你所說的行銷,是不是就是銷售?」對此我都會回答:「不是,行銷不完全等於銷

售。」簡單來說，行銷可以幫助銷售，但是卻不完全等於銷售。

例如若是我開了一個新課程，新學生有三十個人，我要發給每一個人名片，但是當中有些學生可能在簽到時就拿了名片。

我可以有兩種方式發名片，第一個方式是我可以一個一個問說有沒有拿到我名片，然後一個一個發放，第二個方式是我可以在講台上問說：「沒有拿到我名片的，請舉手。」這時我就可以一次發出名片。

行銷與銷售的不同點就在於此，行銷是針對一個市場做銷售，而銷售只是屬於行銷的一環，但不代表全部，行銷包括企劃、設計、執行、銷售、分析等層面，都必須要考慮到，而不單單只是針對銷售面的考量。

通路

至於每個人要如何去打造行銷力呢？我認為要先從學會分析開始下手，假設你要賣一個新飲料到市場，你必須要懂得市場的接受度如何、目前同業有沒有類似的飲

料、價格合不合適,這些都是在生產出產品時,所需要考慮的行銷問題。

生產出產品後,你還必須要考慮要如何打廣告讓消費者知道這項產品,而廣告的執行是否包含電視、電台、網路、部落格、關鍵字等全方位行銷,通常我都建議業主要在產品還未產出時,就要想好要如何打廣告,如此才能夠掌握先機。

消費者買到產品後,還可以用舉辦活動或是抽獎的方式,鼓勵消費者與業者直接互動,透過這些互動,業者可以直接接觸到買他們商品的消費者,並且透過這些接觸,能夠了解自己所生產的產品,是否能夠讓人接受,如此一來,再下次開發新產品時,就能夠藉此加以改良。

目標群眾

了解在哪個通路做行銷後,你還必須懂得你要行銷給所有的大眾,還是你的產品是要行銷給特定族群的消費者,例如你是生產化妝品的廠商,你不會想要行銷給小孩子,所有的行銷企劃,你都會朝女性消費者去思考。因此你必須要深深的了解,會買你產品的人,他們一整天的作

息是什麼、關心的是什麼、會去哪些地方，如此一來你便可以針對這些人，做屬於他們特殊的行銷，也能夠讓你的行銷費用花在刀口上。

最近流行的一項行銷是網路上的「關鍵字廣告」，這便是針對網友在找尋他們想要的網頁時，會在入口網站的搜尋列上打進關鍵字，而廠商便預先買下這些關鍵字，當網友用這些字搜尋時，所出現的搜尋結果網頁的上方，便會有相關廠商的廣告，如此不只達到分眾行銷，還能夠預先想到消費者的「搜尋行銷」。

口碑

當你看到一部好電影，你會很想趕快介紹人去看，如此一來不只可以一起討論電影中的劇情，而且還能評論電影中哪些地方拍的特別好，二〇〇八年的台灣賣座片—「海角七號」，便是口碑行銷的典範。

當初「海角七號」上映時，跟其他的國片一樣票房冷清清，但是就當這部片即將面對跟其他國片一樣的命運，結束上映期從劇院中下檔時，這時候奇蹟卻出現了，有一些看過「海角七號」的網友，在看完電影後，

在MSN上留言說：「有一部超好看的電影叫「海角七號」，你一定要去看！」就這樣一傳十、十傳百，透過網路上的口碑行銷，大批的網友去看了這部電影。

而這樣的現象，也引起了新聞媒體的注意，許多記者紛紛去採訪電影導演和演員，也挖掘出了當初導演在籌備這部電影時的一些心酸和血淚，這一波一波的媒體行銷，最後這部電影成為台灣史上最賣座的電影。

因此，我認為口碑行銷是學行銷的人，最需要去搞懂的一個行銷方式，因為讓消費者成為你產品的代言人，將會比花大錢找一些明星來拍廣告來的有效果，這些消費者可能是你的親戚、朋友、同事等日常生活上都會接觸到的人，像這樣的人推薦你一個好產品時，你很難不去購買這樣的產品。

快速學會行銷

我認為要快速學會行銷，有個小捷徑，就是學會掌握大眾心理，並且能夠推論大眾對某一事件會有什麼樣的反應或行動，如此一來，業者便可以預先準備好行銷企劃，等著消費者自己上門買產品。

舉例來說，當二〇〇八年全球金融海嘯時，若你是金融業的行銷企劃人員，你可以預先想到民眾可能會上網找尋「貸款」、「裁員」、「紓困」等關鍵字，這時你只要買下這些關鍵字，當網友真的用這些字找尋相關訊息時，你就能在第一時間內接觸到這些民眾。

因此，我認為要學會行銷力，你就要學會「大眾心理學」，越快掌握住消費者的一切脈動，就能越快掌握住商機，行銷力在五大知識中，是屬於較容易入門，但是卻很難學的好的一門學問。

我希望你能夠在日常生活中，就一點一滴地去學習行銷力，我相信長久下來，你一定能夠把行銷力運用到你的人生中。

小叮嚀

若你想創業，請記得：行銷力才是競爭力。

第3章

資金控管

01 建立創業現金流

> 若你能讓自己撐過三年，就有機會讓公司撐那麼久。

「你現在投入多少創業資金了？」記得在成立第一間出版社時，經常有人問我這句話。

因為在他們的觀念中，創業是要花很多錢了，因此當我開公司近三個月時，在他們的想像中，我可能已經投入了大筆的金額在公司上。

不過事實上，我在前三個月除了生活費之外，花在建置公司上的花費不到三萬元，花費頂多是在登記註冊

上，還有添購一些辦公用品，所以我在創業一開始時，其實壓力沒那麼大，沒有像別人想像中的恐怖。

考驗的開始

我認為真正的考驗是在要準備印書時，必須要精確計算出要印多少本的書籍到市面上賣，在出版業，無論你如何看好一本書，首刷都必須要保守一點，以免當市場上不買這本書時，結果造成白白印刷這本書，當書店全部退貨時，退書就會擠爆出版社的倉庫。

由於我是在家裡開出版社，家裡並沒有太多的空間可以讓我擺放這些退書，所以我必須要明確精算出市場上能夠接受的量，然後再來決定要印的書籍，但是這樣的量又通常只是預估的，所以在預測上就更難去推斷了。

後來我想了一個辦法，我請經銷商先跟書店提案我的新書，然後再根據書店的訂量，我再來決定印刷的數量，由於書店是在第一線面對讀者，所以他們更可以掌握住一本新書的銷售狀況，因此我便可以有個標準來決定印刷量。

降低庫存壓力

有了書店的訂量後，我不一定要根據他們的訂量來給他們，例如有書店訂了十本書，我可能只給他們五本書，因為書店進書後，若銷售不如預期，馬上就會下架退回出版社，所以我寧願他們賣不夠再跟我追加，也不要多進書他們，結果到時候退了一堆書給我。

其次，我還考量到景氣問題，由於我在創業時，正處於全球金融風暴的高峰期，每個人都開始節衣縮食，對於購買書籍的需求，也因此大大的減少，所以我在決定印刷量時，也必須把景氣的榮枯算進去。

最後我決定印刷的數量，大約是書店訂量的七成左右，有些書店我選擇先不進書，原因是要等其他書店退書時，再進給這些書店，如此一來，我的庫存壓力大大減輕了，所有的退書，我可以馬上再轉換至別家書店販售，所以我在一開始，便解決許多出版社面臨庫存難題。

而最重要的一點是，我印書的開支，也是別家出版社的五成左右，所以我的出版社在一開始時，就具有以下三低競爭力：

1. 庫存壓力低
2. 人事成本低
3. 印製成本低

　　書在書店賣錢後，經銷商會結算書款回出版社，這時候的出版社就會開始有收入，而我在熬了近半年後，也終於等到經銷商把書款匯回出版社。

　　但是在出版業，應收帳款會有個問題，有些書由於還在書店的架上，這些書有可能賣掉，也有可能以後退回來，所以經銷商通常都會保留二成至三成的新書保留款。

　　而這些保留款是無法匯回給出版社的，只有在出版社跟經銷商解經銷時，這些錢才能拿到，所以假設我應該拿到十萬元的書款，但是實際上我只能拿到七萬元，剩下三萬元是扣在經銷商那裡。

　　即使如此，我所收到的款項，仍足以支撐住出版社的運作，原因就是我把出版社一切的開銷成本都減至最低，這樣即使出版社的收入很低，都可以支撐住，而這也是我把王永慶先生的瘦鵝理論發揮至極致的做法。

現金流要正向

有了收入之後，出版社就有錢繼續出書了，出書後所創造的收入，可以印製更多的書籍，所以我的出版社有了以下的現金流：

你觀察到了嗎？除了第一本書是我用我的創業資金外，從第二本書後，我便用前一本書賺來的錢來出下一本書，所以我不必再不斷投入大筆的資金，這也大大的減低了我所要付出的創業資金。

目前我所要做的，只是要找尋台灣優秀的作家，找他們出最好的書籍給讀者，而不是像別家出版社一樣，一昧地翻譯國外書籍，而不發掘本土優秀的作家。

要知道，台灣是個海島型國家，所以自然可以接收到全世界各國資訊，然後再發展成適合台灣特有的文化，而我的任務，便是找出這些台灣特有的文化，把它介紹給全世界，讓世界各國知道台灣的好，自然會讓台灣更富足更進步。

資金現金流

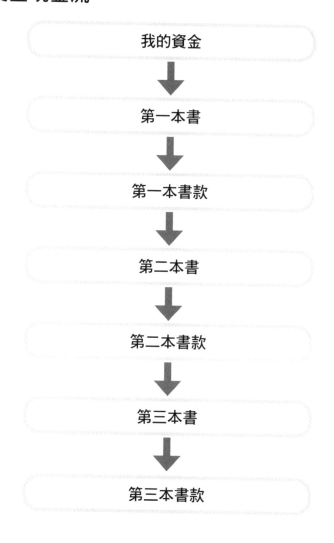

別讓資金澆熄你的夢想

假如你有創業的夢想，千萬別因為資金的問題，而澆熄你的夢想，相反的，你必須更積極地去找尋如何解決資金問題，來使你的夢想實現。

我一開始也是怕錢不夠，而遲遲不敢創業，不過當我開始進行創業時，發覺只要好好控制現金流，其實創業的資金沒有想像中還大。

或許你所待的產業與我不同，你可能想開間咖啡店，所以你會需要比較大筆的資金，但是你為何不換個角度想呢？就是因為你錢不夠多，所以你必須因此在路邊開個咖啡餐車，服務一些司機喝咖啡的渴望。

「有多少錢，就做多少事」，這是我經常對自己說的一句話，我相信只有穩健地運用自己的資金，就能夠做出一些東西來，即使這些東西只能造福某部分的人，我認為這也是一件很有意義的事。

另外，我給你一項我自己的建議，假如你準備要創業了，記得要準備好未來一年的生活費，如此才不會讓你在

一開始創業時，因為個人生活上的開銷，而影響到公司本身的運作，可以的話，最好準備三年的生活費，因為大多數的公司撐不到三年，因此若你能讓自己撐過三年，就有機會讓公司撐那麼久。

小叮嚀

千萬別因為資金的問題，而澆熄你的創業夢想。

02 籌措資金

資金就像企業的活水一樣，是企業生存下去的
關鍵，也是擴大規模的利器。

「我不幹了，男人就是要創業去，不用再這受這種
氣。」有個電子工程師因為長期被主管壓榨工作時間，經
常加班至十二點，導致自己身體狀況越來越差，更可憐的
是，他交往三年的女友，也因為他沒有時間陪她，而決定
分手，他受此刺激，決定要自己創業。

他離職後，打算開一間國際電子公司，專門把台灣代
工的一些電子產品，經過他的改良後，再外銷至國外，他
擬定了公司經營企劃，也準備好銷售技巧，但是他卻面臨

到了一個重要問題，他所要進行的創業計畫和規模，至少需要台幣七百萬，而他看看銀行戶頭，只有五萬元而已，這根本不夠他創業。

找到你的活水

有了銷售技能之後，再來創業要考量的問題，就是資金籌措了，若是把「銷售技能」比喻為蓋房子的地基，那麼「籌措資金」的重要性，就如同我們每天必須喝的水一樣不可或缺。

資金就像企業的活水一樣，是企業生存下去的關鍵，也是擴大規模的利器，更是培養人才的工具，所以要想創業成功，一定要懂得如何隨時隨地找到錢，這樣企業才能有維持住競爭力。

以那位電子工程師為例，他應該要在出來創業之前，就先設想好所需要的資金金額有多少，而不是憑著一股憤恨之氣，就不顧一切地投入創業流程裡。

他當初想的很簡單，以為到時候隨便找個大老闆募集資金，就有錢可以支撐下去，問題是，他後來根本找不到

任何的金主肯幫他，結果耗費半年後，他又回電子公司去上班，把公司的經營和所有權免費送給他一個好友。

這位好友接手時，開始也是找不到金主的資金，不過由於他知道這家公司一開始的問題就是卡在資金不足，其實產品的競爭力和往後的成長力道非常強，因此他認為如果他可以解決資金問題，這家公司一定大有前途。

後來他勉強從他的親戚朋友借到了三百萬，並且把公司股份分給公司員工，讓他們認購公司股份，後來終於湊齊了七百萬，公司得以繼續存活，結果正如他所預期的，隔年這家公司的獲利就達至一千萬，三年後這家公司的營業額達至一億，淨利少說也有五千萬。

由此可見創業家真的需要堅持下去，若之前那位電子工程師可以再多想一些辦法，現在他就可以享受到創業成功的甜美果實，而如今他依然還是在電子公司上班，依然受到老闆的壓榨，更可憐的是，他已經近四十歲了，目前還是沒有女朋友。

很多人在創業時，我相信都會面臨到跟那位電子工程師的處境，那就是沒有人想出錢投資你的公司，因此很多

創業家就會在此放棄之前的努力，而把公司關掉，又當回上班族，只求個穩定的收入。

我建議你問自己一個問題：「是否我真的一無所有？」籌措資金不一定要靠人脈，也可以跟政府或是銀行貸款，甚至可以朝「低成本」生意去想，例如那位工程師例子，在籌措不到資金後，他改變公司的營運模式，不要以改良再外銷，而是直接代理商品銷售至國外。

如此一來，他只需要架設好電話、傳真機、網路，甚至不需要請員工，他就可以開始進行創業了，我相信這些基本花費，他銀行的五萬元絕對花不完，但是這所創造出的槓桿效益，絕對比他自己改良商品賣至國外還大。

所以創業家千萬不要在籌措資金過程中，因為受到許多拒絕而被打倒，相反，要不斷修正自己的經營策略，來配合實際上的經營困境，這才是最實在的創業方法。

該不該借錢創業？

很多財經大師警告大家，千萬不要借錢創業，因為一旦失敗的話，將會面臨高額的負債，其實他們說的很有道

理，因為借錢創業的風險非常高，而且所承受的壓力也非常大，所以借錢創業的確能避免就避免。

不過仔細觀察許多創業成功者的故事，例如比爾蓋茲、李嘉誠、郭台銘等富豪，他們當初都是靠著借一筆錢來開始他們的事業，甚至股神巴菲特，當初也是集合大家的資金，去併購一些績優的小公司，而如今他從股票上所賺的錢，讓他長期高掛在世界富豪裡。

假若他們不借錢，打算用慢慢存錢的方式來開公司，那麼他們絕不會有今日的成就，因為很多商機是非常講究效率的，一旦時機過了，那麼你的競爭者將會取代你，而一旦被取代後，就很有可能一路看他們往前跑，再也追不上了。

我其實是鼓勵創業家勇敢地借錢創業的，但是前提必須是要有百分之九十的把握度，必須要能夠把公司經營起來，而不是借錢來亂花，那麼借多少錢都是沒用的。

因此「該不該借錢創業？」的答案，其實是要問你自己，你拿到錢後，有多少把握可以成功，若你自己都沒有把握，要如何說服別人借錢給你呢？

掌握現金流

　　有一本暢銷書《富爸爸·窮爸爸》，每年都高掛在暢銷排行榜上，書中所強調的概念就是「致富要靠現金流」，他也舉出自己投資房地產的例子，透過租金繳房貸的方式，他每個月可以獲得穩定的現金流，並且過幾年後，當房地產景氣上揚時，他還可以賣掉房子再賺一筆，甚至房地產長期維持在低檔，他依然可以靠著房客的租金來付清房貸。

　　其實創業也是如此，每家公司都需要有穩定的現金流，才能不斷生產出好產品賣給更多客戶，造成一個非常良性的循環，不過有些企業的支票票期大約是三個月至六個月不等，因此就必須根據這情形，想出一個適合自己公司資金週轉的方式。

　　有位出版社的總編提到，出版社真的很難生存，因為出版的書所販售的錢，大約要半年後，才會回來出版社，因為這關乎於出版社、經銷商、書店的帳款和庫存問題，所以大部分的出版社經常會因為資金週轉不靈而倒閉，就是因為要付印書的貨款時，但是賣書的錢遲遲無法進來。

不過我認識的這位總編很聰明，他想出了一個經營模式，那就是把上一本書賣的錢，拿來出下一本書，也就是說，他只要熬過前六個月出版社的收入空窗期，那麼接下來的每個月，都可以有書款進來，然後她再根據銷售數字，來決定下一坡書的印量。

　　如此一來，她不會因為多印一些書，造成倉庫爆滿，而且還可以讓公司的現金流維持正向，甚至不必要股東繼續投入資金，書本身就可以養書、養員工、養公司，如今她所經營的出版社業績蒸蒸日上，即使遇到美國的金融風暴，她的出版社獲利依然創歷史新高，這就是她精確掌握住現金流的成果。

　　很多人非常想創業，但根本籌不到資金創業，手頭上也沒有任何資金，因此就放棄了創業的念頭，還是乖乖地去當上班族，但是未何不朝「無本創業」的路去想呢？

　　有個在上市公司擔任人事經理，因為上一波金融風暴的關係，公司決定要裁掉一些高階主管，因此他就成為第一波被裁員的對象，被裁員後他不斷地寄履歷表找工作，無奈太多像他一樣的人被裁員，因此過了半年，連一家找他面試的公司都沒有。

因此他動起了創業的念頭，但是他知道他手上沒有任何現金，親戚朋友也知道他失業，心中很是瞧不起他，更不可能借錢給他創業，但是他相信自己，並常用「山窮水盡疑無路，柳暗花明又一村」這句話來勉勵自己。

他決定要不花一毛錢就創業，首先他去印刷廠，請他們給他一些不能印製的空白名片和空白紙張，然後他在名片寫上XXX高級顧問，在空白紙張上，自己寫一些廣告文宣，文宣內容就是他過去的人事工作經歷，並且歡迎各大專院校邀請他去演講，演講費用完全免費。

接下來三個月，他去近一百多家學校演講，由於他工作經驗豐富，講演內容都是真實案例，受到學校學生極大的歡迎，紛紛再邀請他去演講，他後來再去演講的費用也從免費、一千元、五千元、一萬元往上調升，目前在寫這本書時，他最新的演講費用，已經高達台幣十萬元。

他的故事也讓我領悟到，其實創業不一定要花很多錢，沒有錢也有沒有錢的創業方式，只要自己肯去做，肯去找出路，一定會有擺脫困境的方式，因此我也希望用這個故事激勵目前正在為錢煩惱的老闆們，希望你們多用不同的角度去思考，來創造出公司更多的資金活水。

03定價的藝術

在創業過程裡，一定要把你的商品價格決定好，以免商品上市了，再來後悔當初不該如此定價。

　　我認為在創業過程中，為你的定出正確的價格是非常重要的一件事，在設計好商品後，你必須還要找出消費者會用什麼價格來買，如此你才能夠迅速超過損益兩平點，開始進入獲利的甜蜜期。

供給與需求

　　價格的高低主要是因為供給和需求雙方的關係產生變化，進而影響商品在市場的價格，一般說來，若供給越

少，那麼商品的價格容易維持高檔，但是消費者的購買慾望會減低，正是所謂的「物以稀為貴」。

若是供給大量增加，那麼商品的價格將可用低廉的價格販售，消費者的購買慾望便會被挑起，消費力道也會很強勁，我們常見到的「薄利多銷」的概念便在於此，因此在定價前，你要先考量目前市場的商品供給量如何。

供需關係表

供需關係	影響因素	價格變化	消費者反應
供不應求 （供給＜需求）	商品需求增加 或供給減少	上漲	減少購買
供過於求 （供給＞需求）	商品需求增加 或供給減少	下跌	增加消費

舉例來說，液晶電視這項產品剛出來時，由於產量不多，因此價格遲遲居高不下，民眾對於動輒十幾萬的電視，自然是買不下手，因此只有少數有錢人會去購買液晶電視，當時液晶電視成為一項奢侈的商品。

　　隨著這幾年面板大廠的擴產和增加產能，液晶電視的價格也直直落，如今只要幾千元就可以買到品質很不錯的液晶電視，而這樣的價格也進入消費者可以接受的購買範圍，因此這幾年液晶電視的銷售量便節節上升。

找出最適合的價格

　　訂出正確的價格是一件高難度的事情，若是訂的價格太低，會造成市場上強勁的需求，而你的商品生產若趕不及的話，那麼將會錯失掉一個獲利的機會。

　　但是若把價格訂的太高，所生產的商品無法賣出去，造成極高的庫存，這也不是經營者所願意看到的，因此最好的方式，便是要找到最適合的價格。

　　要找出最適合價格的方法，最簡單也是最有效的方式，就是看同業所生產的商品的價格是多少，假設你若生

產出比同業還要高品質的商品，那麼你的策略可以用低價方式，把市場上的消費者引過來買你的商品。

假設你用最好的設計和材質，生產出大幅超過同業品質的商品，那麼你大可以把你的價格拉高，甚至提高同業一倍也不為過。

只不過要小心的是，要控制住你所生產出的數量，高成本高單價的商品，一開始最好先少量釋出到市場，讓口碑慢慢打出去後，再開始量產，以免一開始就錯估銷售量，而讓自己血本無歸。

品牌等於價值

一件白色Ｔ伽所設計出來，若毫無品牌形象，那麼它可能只能賣一九九元，因為在消費者的眼中，它就只是件衣服而已，但是若在這件衣服上加個「打勾」的商標，並且找到當紅的NBA球星代言，那麼這件衣服就可以賣至1,999元，這就是品牌的威力。

美國股神巴菲特曾經說過：「若你給我一千億美金成立一家可樂公司，來與可口可樂對決，我會把這一千億退

回給你，因為這是不可能做到的。」可口可樂之所以可以熱賣全世界，除了它本身飲料也很好喝外，最重要的是可口可樂所代表的是美國的一種文化。

可口可樂的品牌價值，甚至遠遠超過它飲料本身的價值，因此若你想讓自己的事業長長久久，記得一定要把發展品牌列在計畫中。

再回到行銷

若你還在為商品的定價傷腦筋，那麼建議你先想想行銷的事情，因為在商場上，把商品讓消費者看到或知道，跟你在定價時是同等重要的，因此你在制定價格時，一定要同步想到後續的行銷活動。

低價的商品會創造大量的購買力，因此你在行銷上，就是要做大眾行銷，千萬不能只在你的網站上或老客戶宣傳，這樣一來，即使你的商品價格再低，一樣會讓你的倉庫爆滿。

高價的商品的行銷方式，則可以針對特定的買家做重點行銷，你不需要跟別人去打廣告戰，只需要讓你的目標

Part 資金控管

如何定價

供給與需求	價格的高低主要是因為供給和需求雙方的關係產生變化，進而影響商品在市場的價格。
找出最適合的價格	要找出最適合價格的方法，最簡單也是最有效的方式，就是看同業所生產的商品的價格是多少。
品牌等於價值	美國股神巴菲特曾經說過：「若你給我一千億美金成立一家可樂公司，來與可口可樂對決，我會把這一千億退回給你，因為這是不可能做到的。」
再回到行銷	把商品讓消費者看到或知道，跟你在定價時是同等重要的，因此你在制定價格時，一定要同步想到後續的行銷活動。

客戶知道你有新商品上市即可，因此在決定價格前，千萬別忘了要配合你的行銷企劃。

　　決定定價的過程，其實是一個檢討你整個經營企劃的過程，從一開始的商品設計、生產，到決定價格，最後再開始行銷活動。

　　定價在這當中，具有承先啟後的重要地位，因此，請你在創業過程裡，一定要把你的商品價格決定好，以免商品上市了，再來後悔當初不該如此定價。

小叮嚀

價格的高低主要是因為供給和需求雙方的關係產生變化，進而影響商品在市場的價格。

第4章

領導力

01 決策中心制

不管股東有多少個，只能有一個人下最後的決策。

有四個好朋友因為都很喜歡喝咖啡，結果就決定合開一家咖啡店，不過他們四個都沒有管理的經驗，因此彼此的意見經常互相衝突，造成從合夥創業以來，大小爭執不斷，而慘淡經營一年左右，咖啡店不只還沒回本，而且還虧了將近三百多萬。

在年度檢討會議上，這四個好友彼此訴說自己辛苦工作的地方，而指責對方努力不夠的事情，結果這場會議成了他們的絕交會議，他們決定把咖啡店結束掉，並且從

此以後，不再跟另外三個人做朋友，結果一場失敗的創業，每個人不只失去了金錢，還失去了三個知心好友。

只有一個頭

有一部電影叫《投名狀》，內容講的是李連杰、劉德華、金城武三個結義兄弟的故事，片中當劉德華率領他的弟兄一起投入戰場，但是必須要讓李連杰指揮領導，有時候就會造成雙重領導的問題，因此在電影中有句經典的台詞，是李連杰跟劉德華說：「你給我記住！戰場上只有一個頭！」

這句話的涵義，主要就是說明一個團隊裡，不管股東有多少個，只能有一個人下最後的決策，然後再由這個人負起決策成敗的責任，以那四位好友開的咖啡店為例，若是大家可以推舉一人出來，並且服從那人的領導，說不定咖啡店還可以繼續經營下去。

要組織一個團隊時，首先要確定「誰是那個頭」，如此可以加快公司的執行效率，而且公司的營運成敗的責任歸屬，也有一個明確的劃分，因此成立一個團隊，先決定好誰是董事長，他必須負起最後決策的責任。

團隊人數

一個團隊人數要有多少人呢？

這個答案其實這關乎於你一開始準備多少資金創業，假設你的資金有限，但是你又不想一人單打獨鬥，那麼我建議再找二個人來加入你的團隊，也就是說，一個小型創業最好至少有三個人組成。

這三個人的專業和分工必須很清楚，例如不能三個人都負責做研發，結果沒人做行銷，一個三人小組的團隊，最好要有人各自負責產品研發、業務銷售、行銷企劃的工作，如此一來公司才會運轉順暢，彼此間也能夠互相支援。

另外，團隊的成員最好是擁有三年以上的實務經驗，或是擁有三年以上各職務主管經驗，因為若公司創業成功，組織一定會在擴編，所以與其將來再來找經理人，不如從一開始就找會管理的人加入創業團隊。

此外，我認為新成立的公司團隊，會經常著重在產品的研發和如何賣出產品，沒有多餘的心思去留意公司的帳

目和法律上的問題，不過會計和法律卻都是公司不可或缺的，即使是一家小公司，也要在一開始時找到專人負責會計和法律的事務。

　　一般來說，小型公司會把會計和法律事務外包給會計事務所和法律事務所，這不失為短期內節省人力成本，並且保護公司穩健成長的辦法，不過長期來說，公司還是必須要撥出一定的預算，還聘請這樣的專業人才。

虛擬團隊

　　有個女孩想開一家服飾店，不過她沒什麼資金，家人也不支持，反對的理由是很標準化的理由─創業風險太高，但是她並不想放棄，決定要想辦法創業，即使是她一人公司也要做下去。

　　一開始她是先去大陸旅遊順便考察那裡的服飾工廠，她先從中挑出幾家生產品質優良的工廠，再跟他們買幾件衣服，回來台灣後，她先在拍賣網站試賣衣服，一開始先求回本就好。久而久之，跟她買衣服的客戶越來越多，她也漸漸提高衣服的售價，並且決定要開始自創品牌，她先請一位好友幫她設計服裝的樣式，然後再傳給大陸工廠準

備生產，同時她與台灣幾家服裝店談好寄賣，大陸生產好的衣服可以直接寄至這些服裝店，而她在網路上需要衣服時，再跟這些服裝店要數量就好。

在這同時，由於她知道她的表姐自己開了間會計事務所，所以她就請表姐幫她做好帳款，讓她能夠明確知道成本和銷售的損益，她也從中學會如何用基本的會計軟體記帳，讓她可以掌握住現金流的狀況。

最後她還找到了一家法律事務所，專門負責幫她申請服裝品牌的專利權，以避免被模仿盜用，透過這一連串的努力，她目前年收入高達千萬，如今她更把公司轉型為服裝設計公司，除了銷售自己設計的衣服外，她還找了一些優異的設計師，專門替一些知名國際公司設計服裝。

這位女孩一開始沒有任何的團隊成員，但是她憑著良好管理和溝通，建立了一個虛擬團隊，這個團隊包括了設計衣服的朋友、負責生產的大陸工廠、幫忙銷售的服裝店、負責公司財務的表姊公司和保護公司品牌的法律事務所。

由此可見，一個成功的創業團隊，不一定是要把人找來工作，相反的，而是要由創業家主動去找到可以幫忙的

人，以那位女孩的服裝設計公司而言，就是一個非常經典的例子，不過這前提還是她必須抱著不放棄的心態去執行，因為在這當中，她也經歷過了許多的拒絕和失敗，最後才摸索出一條成功的道路。

一個人創業

目前有很多人由於不想當個上班族，想自己創業，但是又沒那麼多人和資金可以幫忙，這時便會想要開個工作室，當個SOHO族接案子，我自己當初創業時，其實也是從一個人開始做起。

從找辦公室、找客戶、找廠商，一切創業該遇到的事情，我都自己去跑，不過這樣經營了半年後，我深深地發覺自己的能力有限，我並不是超人，腦力和體力也有限，所以我才會思考開始找人進來，成為一個團隊。雖然後來公司的營運和人事成本增加，但是公司的業績卻呈現爆發性成長，每個月的業績都比上個月大幅成長。

從此之後，我深深體會到那句有名的歷史格言：「三個臭皮匠，勝過一個諸葛亮。」

02 領導三部曲

如何解決員工之間的人際問題，才是經營上的困難點所在。

　　我拜訪過電子公司的總裁、廣告公司的總監、銀行分公司的經理等高階的管理階層，我都會問他們一個問題：「如何當個成功的領導人？」

　　我會得到許多回答，總結這些回答後，我發現成功的領導人其實就是在處理人的問題。

處理人的問題

經營一家公司最大的困難點不是在業績無法提升，或是公司規模不能擴大，而是當底下的員工心不在公司，或是員工彼此惡鬥時，身為領導人要如何解決這些人際問題，才是經營上的困難點所在。

從一開始的應徵開始，領導人就必須要開始找尋適合公司的人才，目前求職人的應徵信函大多寫的美輪美奐，因此領導人不只要看履歷表上的經歷，最重要的是要在面試時，發掘出最佳的人才。

一般來說，面試的好處就是可以直接感受到求職人的一些特質，基本上我認為好的人才大多具有善於溝通、與人為善、有熱誠、渴望成功等特質，只要錄取的人有以上這些特質，那麼在公司裡的表現基本上都不會太差。

首部曲：找到對的人

一家公司要經營良善，領導者首先要學的就是「知人」，不只要了解員工的才能，最重要是要從員工個性、情緒控管、壓力承受度等方面，來判斷適不適合公司

文化。有些公司在新人面試時，會有基本的性向測驗，基本上這樣的測驗，就是想了解員工的內在屬性是如何，

因為光靠履歷表，只能知道基本的學識資料和工作經驗，完全無法知道員工在面對事情的處理態度，因此透過測驗，面試官就可以對這個人先有個大致的了解。

有些公司的老闆或管理階層會問我一個問題：「你覺得員工哪項特質最重要？」我通常會回答：「若是只能選擇一項的話，我建議是員工的忠誠度。」

一家公司的員工若對公司和老闆沒有忠誠度，那麼即使能力再強，到最後這名員工也會選擇離開公司，甚至還可能到同業跟你一起競爭，目前很多員工都有如此的現象，只要別家公司開的薪水條件和福利比較好，就會選擇跳槽離職。

我經常看到很多老闆為這樣的事情煩心，因為不想跟同業比薪水來惡性競爭，但是又不甘心自己好不容易訓練出來的員工，就這樣被挖角走了，對此我都會安慰說道：「沒關係，沒忠誠度的員工讓他走也好，說不定他也用同樣的模式對他以後的老闆。」

二部曲：把對的人放在對的位置

　　一家公司有許多部門和職位，並不是每個人都可以適應每一個職位，例如一個會計人員，就不適合做業務性質的工作；一個經常在第一線面對客戶的業務員，很難適應行銷企劃的職位；而一個行銷企劃的人員，很難成為公司的法律顧問。

　　因此，一個優秀的領導者，要懂得每個人的才能，並且把他們放在對的位置上，以上的例子雖然很極端，藉此是來突顯「把對的人放在對的位置」上的重要性，因為有時人對了，位置錯了，反而對員工和公司都會造成傷害。

　　我曾經遇過一個朋友，他算是房仲業的超級業務員，每個月的業績可以輕鬆上億元，每年所領的佣金可以讓他一年買一棟房子，後來公司詢問他有沒有想轉往管理階層，把他的業務技巧和經驗傳授下去，帶領一個團隊來衝業績。

　　他想這應該不難，於是他轉作業務經理，負責團隊的銷售業績，但是問題來了，由於他的團隊每個人的背景不

同，個性也不一樣，並不是每個人都適合他的業務銷售技巧，因此經過了一兩年後，他整個團隊的業績，居然還沒有他以前一個月的銷售量。

這造成他很大的挫折感，後來他來找我聊天時，提到了他工作上所遇到的瓶頸，我給他的建議是：「你不適合當管理人員，還是回去做業務員吧。」因為管理人員要掌握的不是與客戶成交與否，最重要的是要帶出每個銷售人員的業績。

一個偉大的球員，不一定會成為一個偉大的教練一樣；而一個傳奇的教練，過去在球場的成績說不定也是普通而已，因此，每個人都有適合他的職場位置，領導人必須要觀察敏銳，適時地依據每個人的能力來安排職位，自然會讓公司運作順暢，業績滾滾而來。

三部曲：讓每個人盡情發揮

「找到對的人」屬於「知人」，「把對的人放在對的位置」屬於「善任」，領導者在做到知人善任之後，接下來，就是讓每個人在他的工作崗位上，充分發揮他的專業能力。

領導者不必做非常強勢的要員工照他的方式來做，因為我相信一個領導者再怎麼優秀，也不可能把會計、行銷、銷售、企劃、法律等許多方面都非常的專精，因此我認為領導者要相信每個員工可以在他們的領域上，為公司創造出最大的效益。

當然，領導者還是要看著每個部門的效率，當某個部門運作不順時，通常是那個部門裡的某位員工出了問題，這時領導者便可以找出問題，並且想出解決的方式，領導者做好老闆應該做的事，員工也扮演好自己關鍵的角色，如此一來就能誕生出一家偉大的企業。

領導不難

我認為身為領導者，要領導別人不會很困難，因為本身職位的關係，本來就較容易可以管理人，但是我認為最難的一點是「被領導」，因為人不是機器人，每個人都是會有自己的想法和邏輯，也是有很多人不喜歡被別人管東管西。

因此領導者在執行管理業務時，也要經常設身處地的為員工著想，尊重每個員工，相信他們能把工作做到最

好，並且隨時給予鼓勵，用正面的言語肯定員工，我相信這位領導者就會領導出一個戰鬥團隊。

領導3步曲

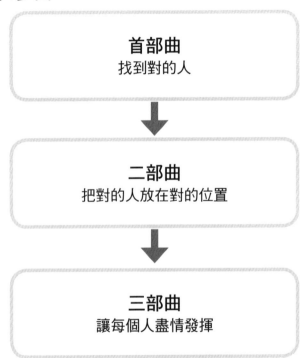

首部曲
找到對的人

二部曲
把對的人放在對的位置

三部曲
讓每個人盡情發揮

03 領導者的5大特質

擁有5大領導力，你一定會成為一個很優秀的
領導者，還能帶領你的團隊或公司創造好的佳
績。

　　要成為領導者，首先便要了解領導者有哪些特質，就
我的觀察，領導者通常都具備著以下五大特質：

1. 與眾不同
2. 挺身而出
3. 負責任心
4. 受人尊重
5. 員工優先

只要你能夠擁有這五大特質，我保證你一定會成為一個很優秀的領導者，不只會帶領你的團隊或公司創造好的佳績，你的人生也一定會多采多姿，成為一個名利雙收的成功人士。

1. 與眾不同

通常一個小團體裡，只會有一個領導者，一家中小型企業，也只會有一個老闆，甚至一個國家，也只會選出一個總統，因此，要擁有領導的力量，進而成為一個領導者，首先，就必須要與大多數的人不一樣。

有領導力的人總是與眾不同的，不只思考上與眾人不同，在行動上也經常是與眾人不同，這樣的不同不是指著唱反調，而是在心理層次上的不一樣，也就是說，要成為一個領導者，最簡單的方式，就是讓自己的有一顆領導者的心。

例如當眾人困惑不知如何進行時，這時有領導力的人，便會找出方法，並且懷著無比的信心帶領大家前行，相對的，當大家興高采烈地慶祝某一件專案成功時，這時有領導力的人，會想著接下來要如何更好。

因此，優秀的領導者要懂得在眾人悲觀的時候，給予大家信心，鼓勵大家度過難關，在眾人樂觀的時候，不只會給予大家勉勵，還會指引大家下一個方向在哪，而不只是滿足於目前的研究而已。

2. 挺身而出

一個優秀的領導通常是勇於冒險的，他會仔細評估風險後，大膽地往前進，而且通常都是第一個站出去的人，因為他知道唯有自己帶頭前進，做一個勇者的表率，才能夠帶領整個團隊打勝仗。

我們可以從電影上很多戰爭情節裡看到，當主帥要發動一個大型進攻時，都會站在最前線，並且第一個喊口號和衝出去的人，因為唯有讓屬下看到自己勇敢的一面，屬下自然會為你效命。

此外，當一名領導還是別人的屬下時，也會適時地挺身而出，例如當一家公司遇見一個困難的案件時，這時有領導力的員工，便會努力想出解決的方案，並且勇敢地跟上司建議，當案件因此迎刃而解時，這名員工自然會贏得許多人的尊重。

此外，當公司的經營面臨困境時，優秀的領導人便會挺身而出，帶領員工往正確的方向去走，並且把自己無比的信心和一定成功的情緒，感染給員工，讓員工的士氣能夠振作，自然公司的業績能夠節節高升。

3. 負責任心

在商場上不可能百戰百勝，因此，一個領導人必須在面對失敗時，還能保有正面的思考能力，不只不會困在失敗的情緒中，還能把這樣的情緒轉化為動力，造就下一次的成功。

以公司的股價為例，當一家公司的股價跌跌不休時，那麼一個負責人的老闆，不能只是對媒體抱怨自己公司的股價太委屈，而是應該身體力行，拿出自己口袋的現金，實際去買進自家公司的庫藏股。

如此一來，不只能夠提升股東的信心，對於投資人來說，會認為公司老闆都主動買股票了，那麼現在的股價的確已經見到低點了，因此買盤便會源源不絕而來，股價也能夠回到多頭的走勢。因此，一個負責任心的領導人，是屬於身體力行並言行一致，不只對於自己所說的話負

責，還能用行動來支持自己說出的話語，從屬下觀點來看，自然會對自己的老闆產生信心，並肯為公司努力。

4. 受人尊重

一個優秀的領導者都是受人尊重的，若是一個領導者不受屬下尊重，那麼很快地這個領導者將會被取代，會有另一個受人尊重的人取代他的位置，因此，領導者一定要贏得屬下的尊重，才算成為一個真正的領導者。

那麼，到底要如何才能得到屬下的尊重呢？我認為最好的方式，就是帶領屬下贏得勝利，因為獲勝就能夠讓人產生許多的快樂情緒，而且若是一再地帶領屬下戰勝，那麼屬下自然而然會對領導者產生崇拜的情緒，久而久之就會很自然地贏得屬下的尊重。

當然，勝利並不是那麼容易獲得，而且更多的時候，領導者經常是面臨困境和失敗的時刻，而這時若能夠帶領屬下從逆境破繭而出獲得勝利，那麼不只將會獲得屬下的敬重，還能夠獲得敵人的敬意。

所以，我認為要成為一個受人尊重的領導者，那他一

定要懂得如何帶領團隊獲得勝利，唯有勝利再勝利，才能讓屬下看見領導者的優點，進而尊重領導者，若是讓團隊不斷地失敗，那麼屬下只會放大領導者的缺點，進而輕視領導者。

5. 員工優先

很多公司老闆在公司賺錢時，總是會把大筆的金前往自己的口袋裡放，一點都不會想分給員工，而看在員工的眼裡，會認為我拼命地幫公司賺錢，卻只是領著微薄的薪水，久而久之自然會想找另一份薪水較高的工作。

因此，一個好的領導者，應該是有功必賞，並且是大大地賞賜屬下，才讓屬下打從心裡佩服領導者，在公司治理上也是如此，一個成功的老闆，應該是把公司的獲利轉化為員工的福利，多多給予員工實質的回饋，等分配給員工完後，才會考慮到自己。

因此，老闆要懂得尊重人，並且把每一名員工都當成是不可多得的人才，千萬不能夠在員工有過錯時重罰，卻在員工有功勞時輕輕帶過，時時以員工的角度優先思考，自然會成為一個優秀的領導者。

第5章

如何選擇
適合的員工

01 CEO選擇員工的條件

CEO無時無刻都在找尋能為公司創造價值的人。

從踏入社會進入職場的那一刻起,每一個人就彷彿扛著一塊招牌在職場的洋流中載浮載沉。

這塊招牌是由你自己親手打造的,上面詳列的不是外表的東西,而是你這個人的「價值」。

在一般亞洲人的工作生態中進入職場,每一個基層員工甚至一級小主管,最希望的莫過於「步步高昇」了,因為這意謂了人生達到了某種成就,即是古人所說的「五子

「登科」妻子、孩子、房子、車子、銀子，藉由這職場的步
步高昇，一切就似乎更是水到渠成。

但是若有幸能步步高昇的人，他們真的創造了自己的
價值了嗎？在他們的那塊招牌上，是否真的有些許與其他
同樣扛著招牌的人不一樣的地方呢？

或許你會說，喔，那無所謂功成名就不就說明了一
切？！其實並不。

我們必須在這裏告訴你，當某一天，有一個非常重要
的機會—那是每一個人夢寐以求的機會—來到大家的面
前，只有一個特別的人能夠脫穎而出，此時，一般步步高
昇的人優勢將不再存在。只有招牌上的東西以及它的價值
才會讓一個人得到這千載難逢的機會。

如果CEO想委以要務的人就在那些步步高昇群組之
中，他實在不必這麼麻煩，直接交由公司來任命不就完結
了？或者，經由企業內部的考績等等制度來評選角色。

真有這麼簡單與令人感到索然無味嗎？一間企業想要
創造企業本身的價值，它必仰賴旗下員工所能為它創造的
價值。

想當然爾，企業的CEO無時無刻都在找尋能為公司創造價值的人。

能為公司創造價值的人，才是有特殊之處的人。你的價值何在便是關鍵。

如果你都不能為自己的價值定義，你豈會有能耐為公司創造價值呢？

這是很簡單的道理。因此在這一節篇章中我們就來談一談：你如何為自己的價值定義？也就是：企業CEO想要發掘與尋找的人有些什麼與一般員工不同的「價值」。

CEO乃是掌握整個企業方針以及大視野的首領人物，他並不該單純依一些表象的標準來審視員工的優劣。雖然優劣的評比還是有一般性的刻板印象，但是企業CEO經常會依時局及關鍵政策來核定自己目前所需要的是哪一種人才。

「人」是一個公司組織中最重要的資產，而多元及包容並存才能激發一個員工的特質和潛能，才能在不同的工

作中貢獻不同的觀點和技能。人與人之間的差異是極大的，這也是為什麼企業CEO大多都肯定多元與包容的重要性。

如果將一個公司或者企業以部門和類別來做區分的話，每一個部門的員工所可以展現出的價值也都是不會相同的。

小叮嚀

能為公司創造價值的人，才是有特殊之處的人。

02 一般職員成功的方式

不抱怨的人,他一定具備有比較多的耐心,也比別人多一點包容,遇到緊急狀況能夠冷靜處理。

公司中有些角色能夠機靈變化的幅度是有限的,然而基層員工所能展現的價值卻也是上級人員最容易評定的。基本特質良好且細膩的員工最能在其中發光發熱。以下就是幾個單純卻不容易被人視為重點的優秀價值。

一、能幫助別人的人

幫助別人看似是很簡單的動作,然而在職場中卻大有學問。

　　譬如投身在服務業，這種「幫助」就等於是在自己的工作份量上加重，將別人的問題也當成自己的問題一樣來解決。如果是在貿易公司，一般不容易有這樣的機會，但是盡力協助業者的要求也是種幫助。

　　CEO為什麼要看重這種人才？因為公司是為一個團隊，一個團隊的運作需要有領導者及配合者，而懂得幫助別人、協助別人的人就是一個極佳的配合者。

　　反之你若將領導者及配合者角色錯置的話，事情呈現出來的結果將會完全不同。因此為一個大計劃及一項任務找到一個最佳配合者是事情成功的關鍵之一。

　　就像好萊塢電影裏特務英雄要執行任務，然而他絕對需要一個默契極佳的背後團隊，來協助他聯絡、準備。

　　懂得幫助別人的人絕非像一般人認定的那樣只因為缺乏頭腦，在這個人際社會上其實是很需要這種特質的人物，否則人人都想做英雄，世界豈有安寧的一日？

　　幫助、協助別人是一種智慧，能夠奉獻自己的專長或是耐心來配合別人絕對是CEO眼中最佳幕僚。

二、絕不遲到的人

不遲到意謂著你重視每一次的事件。遲到不僅在平行同事之間是一種製造麻煩型的特徵，同時也是主管指派任務時首先、也最立即會想到的大缺點。

試想你今天若想交辦一件任務，你會希望委派一個時間到了卻不能即時溝通處理、不能順利當面說明的人嗎？在時間管理上沒有章法的人，往往在事情的輕重緩急上也無法判斷，因此無法令人有能夠在大事上擔當的印象，更是沒有責任感的表現。

有過教養小孩經驗的人都知道，要教導其責任感，就要從時間觀念開始，想要改變遲到的習慣，就從日常生活小節開始做起，一個人若能在生活中做到「守時」，那麼在工作上必定也能有時間掌握的觀念。

三、沒有公務員心態的人

所謂的「公務員心態」就是一種敷衍的態度。在此並非表示凡是公務員必定如此，而是利用公務員這個名詞做為一個保有鐵飯碗的象徵意義。

　　打個比方來說，大家都有豢養動物、寵物的經驗：一隻聰明的寵物在沒有做任何事情情形下就得到了食物的獎勵，牠往後便會猜想牠一樣可以不需要做任何事即得到獎勵；而另一隻寵物在經過努力及學習後得到主人的鼓勵及獎賞，此種慣性認知下，牠明白只要認真一定會有好東西。這也是訓練寵物時最常見、最積極運用的方法。

　　公務員是國家養成的公僕，在國內條件下，這是一群極有工作保障的人口，國家定期安排的福利和優惠，各種存款及退俸保障，讓公務員踏進這個工作的第一分鐘便開始享受成果。

　　然而一般私家企業的員工卻沒有這麼容易享受果實，總是要經過一番拼命及鍛鍊才能擁有稍微好些的待遇。

　　這和豢養寵物極為類似。一間企業或公司便是在豢養一大群員工，如果員工不必做事就能坐領乾薪，他必定會養成照三餐等著公司給他福利的惡質習慣，「只享受權利卻不盡義務」就是這種心態的最佳寫照。

　　然而如果員工為了得到好處而努力追求表現、追求進步，本身的能力必定會被訓練出來，而公司也因此獲

利。如果不是為了得到好處，而是主動去做好手邊的每一件事，那麼你就真正不是一名被企業豢養的員工了。

雖然好的企業及公司本來就會關照員工、給員工許多好的福利及照顧，但你認為企業會喜歡哪一種人員？或者說，你認為企業不會喜歡哪一種人員？

四、能自我管理的人

自我管理是一種讓工作更有效率的規劃。幼兒從學齡前的自由遊玩直到進入學校，父母總是會由自我管理開始教起，那也意謂著自我管理是處理事務的基本條件。

很少有人點明，但事實就是：現今的企業及公司員工，有很多人喜歡被人管理、而非自我管理！被人管理指的是主管說什麼才做什麼、要求表現出來的成果要人家推一步才做一點、做了一點就沾沾自喜認為已經做了多麼了不得的事。

如果你看完這段敘述發現自己正是這樣的員工，那你最好立即重新規劃自己的職涯，因為在任何一間企業或公司中都不樂見這樣類型的員工。

　　一個能自我管理的員工就是能同時對自己及公司負責的員工。舉個例子來說，出差是許多企業會要求員工進行的事務，出差時每一家公司有不同的規定，包括了雜膳費用的歸納、住宿等級的要求、餐旅花費的額度、單據的必要性及明確性……等等，大都明列在公司的章程中。

　　但是有的員工即使知道有這樣的章程，出差的時候卻無法遵守，有的時候並不是故意違逆，就是抱著太麻煩以及不會這麼嚴苛的想法，直到事後一些帳目無法核銷才抱怨公司沒有說明清楚或是沒有提醒他之類的。

　　你認為企業領導CEO會喜歡任用這樣的員工嗎？連基本章程規則都無法遵行，可見在專業領域中一定也是同樣的心態。能夠自我管理的員工必定會要求自己控制好餐旅的花費、事前計劃好符合公司要求的行程，清楚的明白自己的時間如何安排。這是一種能力，也是做大事最被看重的負責態度。

五、有企圖心的人

　　員工不該只是單純地認為把本份做好即可以交差，在努力完成業務的時候盡量反問自己：我能從中學到什

麼？公司能從中得到什麼益處？這樣的結果是完美的嗎？下一次我能夠如何改進？

這即是一種企圖心。企圖心就是「不劃地自限、抱持更高的期待」。一旦一名員工有了這樣的意識，他必定能在自己的專業領域中追求精進。

但是企圖心經常被人誤解了。企圖心並不是在人際關係上運用的技巧，而是在專業工作項目上該有的心態。有些人為了想達成工作上的目標，利用各種手段、各種遊說、各種人脈，無所不用其極地實行，這並不是我們在這裏所稱許的企圖心。

針對工作的、針對事情的、針對專業的一種求好心情才是謂之企圖心，一種對於自己的工作不害怕更大期待的心意。

六、有熱情的人

有熱情的人能夠為一項業務增色百倍！不要小看熱情與熱忱，因為一個具有熱情的人通常對很多事都較有創新及幽默感。

在生活中我們會遇到兩類人：第一類人對事情多半中規中矩，問他一些問題，他的回答大都是：「還好。」「還可以。」「還不錯。」

這樣的答案，因為這些事情對他而言都失去了實際自我的感覺，顯得麻木不仁。但是第二類人，當你問他事情時，他會有生動的回應，像是：「我覺得很棒！」「這個我認為不太好！」「真的是太難了！」

聽到這樣的回答，人們就會比較有興趣探知究竟，為什麼呢？因為面對事情時，這一類的人擁有自我的感受，而有自我的感受才能激發出克服困難或享受的情感，才能真誠地嘗試這件事。因此擁有熱情與熱忱就是擁有一項職場利器。專業技能或許能夠幫助你持平完成任務，但熱情卻可以錦上添花！

七、視專業能力為基本功，能不斷充實自己的人

上段中提到的專業能力，在現今的社會中自然是倍受重視的。人事物湍流不止的工商社會中，民眾尊重專業，專業也是企業遴選優秀人才的首要條件。

只不過也因為如此，許多人在達到了專業領域中的某個階段後，很自然地便會將身邊的機會與資源視作理所當然，這是CEO眼中的大忌！

要成為特出的人才，除了在原本的專業領域中要求新求變之外，一定要對環境市場有敏銳的嗅覺，隨時聞到可以學習的契機！

例如：身為股票交易員，專業的術語只是你工作用的工具，那是你的基本功，但是如果能夠對行情多一點了解、熟悉各上市公司的背景、建立各行業波動的聯想力，那麼在從事股票交易的服務時便能更有樂趣，或者說更能了解投資者的動向及需要的建議，這就是在工作中勝出的原因。

八、不抱怨的人

你是否曾經在職場中仔細觀察過，無論是哪一種行業，鮮少有從來不被抱怨的工作！當然各行各業，豈能沒有箇中辛酸的呢？做外務的要風吹雨淋、做貿易的要將飛行旅程當做家常便飯、做服務業的工作超時、護理人員賣命輪班……不管哪一種行業都不容易。

　　但是你捫心自問，是否看過有那麼一位不愛抱怨的同事？當然，這裏指的絕對不是那種「不沾鍋」型的員工，不沾鍋型的員工雖然也不抱怨，但是對於任何事都是置身事外，嚴格說來這種工作態度是惡劣並且極低評價的。

　　真正不抱怨的人，他一定具備有比較多的耐心，也比別人多一點包容，遇到緊急狀況能夠冷靜處理，平時同事們瞎起哄的時候他也不會人云亦云。

　　不抱怨的人在情緒EQ上能有較好的管理，因此遇到壓力時也比較能夠克服。

　　要謹守不抱怨的規則並非那麼困難，最重要的就是告訴自己：「沒有解決不了的事！越辛苦表示自己越有機會發揮潛能！這是一個考驗的機會！」透過信心喊話，將口中想要抱怨的難聽話暫時吞下，透過運動等正當的管道紓壓，經過練習，好的EQ能力也能被塑造出來。

　　抱怨是一種負面的能量，不只會影響個人的理事表現，也會影響整個工作部門或者單位，CEO若想託付重任，不抱怨、高EQ的人將是他的屬意人選。

03 從事公司核心業務想要勝出

擁有敏銳的感應力及觀察力是不二法門，再多加一些執行力就更完美了。

處於公司核心，代表你的位置和基層員工有所不同，代表你有機會和企業或公司的關鍵政策有所接觸。既然角色不同，你所要投射出來的能力自然不同，如果你認為所有的員工只要在自己的崗位上兢兢業業就是好員工、就是出色，那麼你的觀念還得要再進化了。

既然和關鍵政策有所接觸，那麼你更該擁有敏銳的感應力，對於公司的走向及重點業務多留意一些外來的情報，以便在必要時能夠迅速解決問題狀況。

公司對於核心業務一定投注了非凡的支援力，這時它
更需要非凡的人才來協助業務順利進行：

一、會找問題然後解決問題的人

從事公司核心業務與一般基層員工所需要在意的重點
並不相同。前一小節談到的工作態度和法則都只是提到讓
自己徹底掌握工作專職而已，但倘若你在公司擔任的是核
心幹部或人員，你需要的便不是栓螺絲的技能，你需要的
是知道何時需要栓螺絲？

因此管控一個部門或是在公司負責領導業務的員工，
對於公司正在進行的關鍵政策大事要有一定的熟悉，要
能夠大量吸收相關的資訊，從看似一切波平無浪的運作
中，主動觀察並且主動改善流程。

能找問題的人多半能夠解決問題，這一點非常重要。
在找問題的過程中必定要對事情有充份的了解，也就是對
所針對的業務知識擁有深度及廣度，有了深度及廣度才能
對微小的偏差見微知著。在現今瞬息萬變的科技產品業
中就可見一斑，有時候只不過因為對週遭的訊息不夠敏
銳，公司便會走向錯誤的發展。

155

你說公司的政策不都要靠領航者嗎？不，你以為領航者參考的都是誰的資訊呢？

二、了解市場動態及對手資訊的人

「閉門造車」是公司行號中經常可見的現象，來自於一種省卻麻煩的心態。

但是你若身處公司的核心，這種心態不僅對於工作效率有極大的殺傷力，也可能是很危險的。尤其是現今的各種產業，特別是與國際接軌或者具有潮流型態的行業，了解市場動態根本就是第一步棋。

首先要有個觀念就是對於大環境的感知能力比起技術能力一點也不能遜色，這也是產業能夠展現大格局的中心思想。作為主管或者CEO的領導者只能用自己的一雙眼睛去搜集出這些資訊，如果他發現竟然有人和他一樣，那這個人不是企業最大的幫手還會是什麼呢？

三、能提供建議的人

有的員工從不發表意見。或許這是亞洲企業的通病，

撇開特殊狀況不談，在亞洲人的會議中會發表意見的人永
遠就是同樣的幾位。

當然建議並非只有在會議上能夠發表，在較低調的場
合中，亞洲人也比較不願意和別人分享意見。如果你能就
問題真誠地提出想法，無論是好的還是壞的，必定能夠給
人一種你有用心思考的印象。

此外，要能提供建議，那代表你對於所針對的議題是
有所了解和研究的，所謂建議有時候可貴的並不在於最
終的結果，而是在於提出問題後與答題人之間的腦力激
盪，往往就是這種火花能夠創造一次新的契機。

一個好的主管絕對不會不愛聽建議，有這些建議也表
示了他手下的員工都在為他動腦筋，值得鼓掌叫好呢！

四、能客觀認同公司的人

為什麼這邊說客觀呢？

在這邊說一個小故事。筆者曾經在旅遊中臨時決定入
住某一間飯店。該飯店雖然並不是五星級或更高等級，然
而小巧簡潔，尚稱是商旅的便利選擇。

就在我決定入住並且上樓的時候，遇到一位飯店的接待員正帶著一對夫妻參觀房間，雖然不太知道那對夫妻是什麼狀況下來到這裏參觀房間，但他們似乎還是很熱衷地向接待員詢問了許多問題。

在這樣狀況下，一般的接待員都會積極誠懇地向客人介紹飯店優點，我卻聽到那位年輕又帶點嬌氣的接待員為了向客人表示體貼，說道：「其實我自己也覺得這間飯店不好，如果可以的話，我倒覺得你們可以換個地方。」

我很驚訝，再聽他們的談話內容，他們也並非朋友的關係，但是員工卻用這樣的方式來評價自己為之服務的公司。撇開實際狀況而言，就算該名接待員說的是「實話」，但在客觀上就已經顯得對自己的公司不認同了。

還有許多類似的例子，我們發現言語愛抱怨的員工在背底裏偷偷地詆毀自己的公司，這已經無關誠不誠懇，而是認不認同的問題。

如果一家公司讓你這麼地不贊同，你可以離開這個讓你自己也不欣賞的工作，除此之外你要加強的應該是自己說話的技巧或者調整工作的心態。因此在這裏提到的這一

點，說的也是有關於忠誠度。任何一間企業和公司都會珍
視對自己忠誠並認同的員工。

五、具業務能力及表達能力的人

這一點在大多數的主管心中甚至是一般員工眼中都是
不會被否認的。業務能力代表的是你個人對外行銷及連絡
的能力，也可以說是你具備獨力作業的能力。這和表達能
力應是關聯在一起的。

有的人很會與朋友交際，但在業務範疇上卻沒辦法做
到同樣的水準，一方面是因為沒有心，二方面也可能是對
業務內容不熟悉或不認同。

只要花一點時間作研究，你可以將公事做得和私人交
際一樣好。當然這裏也並不是說表達能力一定和專業能力
有關，但是這是個講究快速的時代，你的表達能力就是一
種工具，工欲善其事必先利其器，這是不變的道理。

六、具進取及創新能力的人

在同一個職位上做久了的人最需要的就是這一點：進

取及創新能力。或許有人要說，進取與創新能力和職務類別有關，我的工作很死板，沒有辦法進取，也無所謂創新。真的是這樣嗎？在這邊舉個例子。

近十年來因應電子產業及各類3C市場的多變及多元性，有一個特殊的行業叫作專利商標，所謂的專利事務所紛紛林立，此類事務所或商標公司裏面最重要的角色就是專利工程師。

專利工程師雖說是工程師，但其實做的多半是文字方面的處理，需要了解各行業的知識及發明背景，是一個業務單純且高薪的工作。

然而工程師們接案的來源多是電子產業及3C背景的公司，早幾年大家會認為那是很「夯」的公司，但這一兩年國內市場萎縮，專利工程師接到的案子也大幅縮減。

於是一些平時沒有經營其它專長或是沒有積極進修的專利工程師們很快就會陷入沒有工作可做的窘境，除了沒有工作可做之外，再加上他沒有適當學習管理職的業務，然後公司營收不那麼看好時，他就是那第一個被請回家的人。

不要覺得可笑或是不可能，這是筆者身邊所見活生生的例子！

看似如此穩定的工作也有這樣的時刻，這個社會產業既多且變化又大，只閉門造車地擁有同一種專長是不能夠勝出的，更別提這般死氣沉沉的員工要如何獲得CEO的青睞。

小叮嚀

業務能力代表的是你個人對外行銷及連絡的能力，也可以說是你具備獨力作業的能力。

04 從事後勤服務的亮點

想要讓每一個工作都有自我實現的機會，從做好自己開始就是你的第一步！

　　在公司中有一群人或是一個部門，就像小學時代的值日生一樣，有每天固定的工作，但在團體熱鬧的活動中你幾乎看不到他們的存在。

　　後勤服務的員工通常都是默默奉獻的一群，他們在公司的形象廣告及標語中完全是隱形人，但是他們卻是支撐一家公司能夠進行日復一日流程及進步的最大功臣。如果你是經常不被表揚、甚至還被忽略的單位成員，你要如何發光發熱讓別人知道你的優秀呢？

一、能有主動改善環境的能力

後勤服務包括很多種單位，譬如工務、庶務、總務、行政⋯⋯等等都牽涉到公司軟硬體的服務，軟硬體即是包括了內在與外在的環境。

比方說在某一個流程中覺得效率不夠，存著：「要怎做才能更快更好呢？」這樣的心態，還有：「這樣做是不是對同仁來說比較方便？」只要有這樣的念頭，你的角色就已經成功了一半，剩下的就是執行的方式及決心了。

因循怠惰往往是後勤單位人員最容易為人所詬病的因素，因為總覺得沒有人會看到、付出了又沒有被肯定，因此最容易打混也是類似這樣的單位。

想要讓每一個工作都有自我實現的機會，從做好自己開始就是你的第一步！主動改善你所在的環境，你的周圍就會散發出小小引人注意的光環喔！

二、利用有限資源計劃出最大的效益

成本控制是目前各大企業都極度推展的觀念，其實除

了成本控制，國際級的企業都已經在推行綠能及綠標章了，因此資源及成本就是與此極度相關的項目。

既然是公司的核心部門，那必定是對公司存續有決定性影響的單位，對於「成本控制」和「綠能」的概念一定要有非比尋常的嗅覺才行，從這些方面著手來為公司提升最大的效益，成果絕對會使得企業的領導人不得不注意甚至是重視到你。

記住，提升公司形象以及收益是所有企業最在乎且最簡單而唯一的目標，能將公司的形象投射進國際視野，並以有效率的方式執行，請問CEO不找你該找誰呢？

三、服務別人的熱忱

服務別人在此小節中與前面與基層員工所談到的服務是兩種意境。後者指的是單純在工作中提供顧客及服務面向之「公司外部的人」的幫助。而在此小節中所說的卻是公司及內部、同業間的良性互動及協助。

部門間時常有競爭的情事發生，不過若是做為一個後勤服務單位，你得盡可能將競爭都當成是良性的要求，因

為有時候你做了份內的事卻只是剛好達到該做的標準而已。如果每一件小事都能當成是一椿善意的生意來談，運用Doing More的態度來處理，所有的相處都是快樂的，對自己也會有很大的幫助。我們幾乎可以戲稱這是「里長」的工作，每個動作都是很大的能量，而只要將它做好了，誰都會投你一票！

四、不一昧討好別人

前面提到了許多服務他人及投入協助的心態，但是往往有些人會會錯意，以為只要是別人的要求就盡量完成，卻不是非常正確的觀念。

中國人自古講求的是一種「禮儀」及「道義」的倫理，那是在古時候的官場文化中最先要學習的進對準則。在現代社會中，這樣的觀念一點也不落伍。能夠謹守禮儀和道義的人進退應對都會有所依據，不會盲目地服從他人。

在西方的文化中也是相同的，他們崇拜英雄主義，卻也贊同「只做自己想做的事」、「只做對的事」。這都是很重要的觀念，因為在工作的交集中，你的眼睛應該只看

往正確的方向，如果有人要你去做岔路邊的事，尤其是在禮儀及道義上說不通的事情時，你絕不能因為要討好而就去做了。

筆者在職場十多年的經驗，發現攀附高層、討好別人的員工或許一開始就自身狀況來說是沒有問題的，但是這種行為會引發另一群正義的群組不滿，未來不論是升官或是接掌重任，人際間的負面評價會是導致失敗的主因。

五、不浪費公司資源

大公司、大企業的資源對小公司相對來說。是多太多，有的人會認為公司需求量大，一點點東西不會有太大影響，因此在登記一些業務消耗品的時候會特別大方。

最簡單的譬如說文具用品好了，明明不需要那麼多筆，卻在登記的時候大筆一揮，登記的數量超過所需甚多；有的不肖員工還會圖利公司、佔公司的便宜，因為自己需要便在公司名下登記。

這種行為與其說是不會被CEO欣賞，不如說是會被CEO等層級厭惡的。別看這一些小動作，如果你能夠抱

持著要為公司節省的心態來做這些消耗品的管理，你一定
會發現其實透過公司資源的安排可以替公司省下不少成
本，而且在物資規劃管理的過程中你也會了解各部門的消
耗、誰是需求單位、誰是支持單位……

　　這些東西看似微不足道，但由小處節省的習慣可以延
伸到大處。如果你能為公司在乎這些，你就差不多已經準
備好管理大資源了。

小叮嚀

　　後勤服務的人員，還是有機會藉由工
作的效率，成為人人激賞的人才。

05 值得被提拔的基層主管

基層主管經常處於下屬及長官的兩相包夾之中，位置其實很不討好，可以說是「爹爹不疼、姥姥不愛」。

　　基層主管與高級長官們甚或CEO的接觸機會更多，透過會議或是公文、文書上的來往，比一線員工更有能力發揮自己的亮點，有了自己的亮點，公司重點案件需要尋找人才的時候就更有發展實力的契機。

　　但是CEO對於基層主管也有特別在意的條件，因為能夠勝任基層主管的人多半已經在基本專業及態度上合格了，剩下的部份要在哪一種面向勝出呢？

一、喜歡團隊合作

如果一個領導人或組長本身的能力很強，卻凡事親力親為，不懂得運用屬下的優點及特質，甚至不懂得如何整合自己帶領的團隊，那麼說穿了，他也只是一個能力較強的人而已，卻不是CEO眼中的人才。

基本上，要懂得運用團隊合作、能夠調整組員間長短處的領導人才是具有發展的特殊型人物。

所謂朋友，有分志同道合的朋友，也有一般點頭之交的朋友。

同事之間也是一樣，假如是在一間大企業中，你不可能和每一位同仁都有過命之交的情義，在各種遠近疏密的關係中要整合出一個具有默契的團隊，靠的不是運氣，而是領導人本身的想法。

如果組員之間能夠受到領導人的影響而建立出互補的效應，這個團隊所能創造出的效益一定會比別的團隊還要多，這也是CEO級管理者不會忽視的。

二、邏輯分析能力強

　　邏輯分析能力雖然不是短時間內可以訓練出來的，但絕對可以藉由日常實務的操作中熟稔而來。

　　邏輯分析能力包含了遇事的理解與診斷力，最後還需要有將之執行的判斷力，也就是對一個問題能夠適切分析並診斷解決方案的可行性，會觀察也能實作。

　　在企業管理及事務中，有一種技巧很重要，那就是：「化繁為簡」。能夠將複雜的東西用簡單的思維去運作，往往比較能夠切中核心並且維持初衷。

　　這也是邏輯分析能力的一種。有這種能力的人會對事不對人、一針見血，如此就能秉除很多不必要的聲音，為工作帶來效率。

　　別以為邏輯只是一種很抽象的東西。倘若CEO交付任務時遇上一個沒有邏輯觀念的人，很可能事情的走向不但雜亂無章，瞻前顧後無法有系統進行，而且還會事倍功半，他會遭遇一場出乎意料的失敗。因此邏輯絕對是領航者很在乎的工作知能。

三、主動積極的態度

我們常說：「這個人很積極。」指的是什麼呢？指的就是遇到事情（無論是困難阻力或是順遂如意）時能夠讓自己依然擁有活力。

一個積極的人最常掛在口邊的說詞大部份都是：「該要怎麼做呢？」有別於一個消極散漫的人經常說的：「好煩喔！這樣根本沒辦法！」所以我們可以知道積極與散漫或許有著天生的氣質影響，也有可能是後天的環境造成，但是它也是可以藉由訓練來養成的。

可以先從每天列出一至二項工作上的細項開始，規定自己在幾點之前務必要完成。下一次就增加細項，變成二至三項，慢慢調整出達成目標的速度。雖然速度不見得是積極的象徵，但藉由這個簡單的概念可以改變自己散漫的習慣。這當中尤其是遇到困難時，強迫自己在時間內想出辦法，這就是積極的第一步。

CEO不想找一個「白日夢想家」，只會描繪生動的藍圖，但卻永遠都沒有畫完藍圖的下一步，反而是一個主動的實踐者會先完成目標。

我們都聽過兩個和尚取經的故事：住在四川的一個富和尚成天說著要去南海取經，但是卻始終沒有出發。

有一天另一個窮和尚來邀請他一起去南海，富和尚沒有答應，反而說：「我做了這麼多準備還是沒有辦法成行，你憑什麼辦得到呢？」於是窮和尚就一個人出發了。他只帶了一個鉢、一根杖，說走就走，積極的力量帶領他到任何一個他想去的地方。

不只在工作上需要這種力量，我們的人生也同樣需要呀！

四、樂觀

我們經常聽到有人說：「只要樂觀，凡事都能解決。」這種說法是真的嗎？

即使樂觀不能保證一件事或一個人成功與否，但是樂觀的態度必定讓人對新事物樂於接受與嘗試，遇到失敗的時候也具有化解灰暗的幽默感，同樣的，既能化解，對於自身的優缺點及處境一定會有反省，這才是「只要樂觀，凡事都能解決。」的真諦。

在職場中，有許多悲劇故事主角多半被人貼上憂鬱、神經質的標籤，只徒會苦惱，缺乏反省的能力。更有一些人會將失敗遷怒他人，做上級的向屬下發洩，使得團體中充斥著負面的能量。

由此可見一個帶領者的樂觀態度會影響一整個團隊。這世界有聲有色，在經營職場生態或是商業廝殺時，只要把重心放在有價值、有意義的地方，再加上反省，「只要樂觀，凡事都能解決」，遇到困境也就能有船到橋頭自然直的境界了。

五、願意激勵人

好的領導者不會隨意打擊員工。在職場中，主管的情緒EQ差幾乎是所有員工一致認為的那種「工作中最糟的處境」。即使工作再輕鬆、薪水再多，遇到一個EQ差的主管簡直讓人「生不如死」。

在這種主管帶領下的員工往往會避事、敷衍、不敢承諾，由此可見主管及領導者的風格會使得事情的成敗大受影響。這也和教育孩子是同一個道理。受到鼓勵的孩子表現會越佳，而受到懲罰的孩子毫無例外地表現出退縮的

動力。好的領導者要能激勵人心。適當激勵會讓人覺得安心，甚至發揮意想不到的潛能。

譬如小組參加某項設計競賽，大家都已經使出全力、熬夜加班了，時間就在最後關頭了，如果領導人在此時因為焦慮而大發雷霆：「都已經什麼時候了，為什麼還沒有完成？我看你們這次是註定失敗了！」

大家聽見這樣的說詞心情鐵定由緊繃瞬間結凍，心想：「難道我們想讓它失敗嗎？」

不過若換個說法來說：「大家真是太拼了！到了最後的關頭還在拼，我覺得我們這一次不管怎樣都值得了！」一席話讓原本緊張的氣氛變得更加熱血沸騰。

這就是激勵的藝術。好的激勵方式是能夠加入自身的感覺，也能關照到受話者的處境，還能產生力量和快樂的感動；當然，你要用實用的物質回饋做為激勵肯定也極受員工青睞，但是請記住：言語的激勵絕不能少。

一個懂得在奇妙時刻獻上激勵之語的人一定是真誠度百分百的人才。

六、不輕易妥協、擇善固執

職場上時常有業務關係的衝突，然而經過判斷後，你認為你的觀點是對的，但是對方在公司中卻比你還有影響力，你是否會繼續爭取？答案是：一定要！

擇善固執有幾個好處：一是你完整表達了你的訴求及意見，比起無意見的人多了幾分對事件的透析度。二是你敢於和人意見相左，證明你沒有什麼把柄在別人手上，遇事可以無所畏懼。三是你堅持自己的意見，對自己有十足的信心！這幾點都是一個人的個性特質。當

然並非是要每一個人都堅持自己的想法不能妥協，而是要在經過審慎判斷後才能夠不隨意屈服，並且表達立場的同時還能有破釜沉舟的決心，那就是：即使我的堅持會讓我的事業觸礁，只要是對的，我必須讓別人知道！這種魄力是故事中英雄的必備個性，當然在現實職場中也能受到CEO級人物的喜愛。

筆者以為這是一個很高深的學問，因為套用一句現在年輕人愛用的話語，所謂「自我感覺良好」有時候也會表現出不輕易妥協的特質，但是這種不妥協就不讓人感到

值得尊敬了。因此在擇善固執的堅持下最好還要充實自己，讓自己的意見選擇無悔且具有力量！

七、目標遠大

目標遠大這件事不是指出你該「眼高手低」，而是在說明職場中應該注意的一種現象。

許多管理者或是領導者、組長經常會為了要屬下將心思認真灌注在業務上，而不斷制訂出一些流程及各種報告，也喜歡利用一些小報告來營造出「有在做事」的面貌。這就是只求短期績效的最典型例子。

將員工本來可以創造更多效能的機會拿去叫他們在短時間內交出一份「莫須有」的報告，只為了要表示本部門的推動能力，這是可笑的！

所謂遠大的目標，指的是為團隊設定一個較遠期的理想，譬如：三個月後的季末希望在銷售數字上突破、希望下一個年終檢討時對於這個新方案已經可以提出改進的方法、產品上市之後容許觀察一小段時間再視市場回應情況改善下一代的商品……僅管商場瞬息萬變，但我們經常在

176

孩子教育上提倡的「慢的教育」在企業的核心價值推動上
也是適用的。

　　無數莫須有的小報告是讓員工縮小視野以及只看眼前
近利的最佳方法，如果為了要眼前的小瑣事而損害的長遠
規劃的持續性，那是得不償失。

　　台灣的各大中小企業都容易墮入這種循環，「學習」
別家公司的長處是可行的，但如果是「模仿」的話通常都
沒有玩到精髓，一整天被要求寫「本週報告」、「雙週報
告」……只會耗弱員工的熱忱，失去大方向。

八、EQ高

　　這和前面提到的樂觀有相同位置的關係，不過在這一
小節中提到的EQ指的是人際問題的處理。

　　如果今天CEO想要派一個代表前往其它公司進行談
判或者進行合作議題，EQ高的人肯定在名單之中，他不
會希望一個得來不易的計劃只因為我們的代表被對方的一
句話激怒而破局，更不會希望公司的利益竟然因為幾杯
水、幾句舊話、私人恩怨而犧牲。

EQ高的人在面對平行線的同事及其下的下屬能有同樣的表現。最重要的是同理心，一點慰勞的話就能打動人心，多一點體恤就能讓朋友感受到你的誠意，對於別人偶然犯的錯能夠袒然面對、不意氣用事，用最聰明的方法解決爭端，一切是非都能真誠，這樣才是情緒智商高手。

　　許多人認為EQ（情緒智商）沒有專業能力來得重要，但是事實是如果一個人徒有專業能力而EQ很差的話，這完全稱不上是一個人才。相反的，擁有高EQ的人反而能夠彌補專業能力的不足。

九、成本控制能力

　　在大公司服務久了，成本概念往往會漸漸模糊，那是因為許多人都認為錢是「公司的錢」而不是自己的錢，因此在用度上就會很不小心。

　　常常也有人會說：「跟我的薪水比起來，公司的錢那麼多，何必為公司去省這一點點呢？」

　　但是如果是自己做生意或者自己開立小公司、工作室的人就會很敏感地知道：一點一滴都是錢呢！

因此但凡大企業或是稍有概念的經營者都會明白成本控制的重要性。

成本控制除了在日常公司的用度上精算之外，更應該要帶頭積極做到節約的「態度」。所謂態度，並非呼喊口號，要大家衝破業積、增加成交量等等，而是要將內部的各種消耗清楚地讓大家知道，然後一起研究在本身的部門中可以如何做到成本控制。

像是資金與成本的關係、投資與銷售的連動、具體的數字等，唯有讓大家對於一個公司的運作有著具體的認識，抽象的說明才有意義。

此外，會計部門的充份信賴也是成控的重要環節，有任何新的想法或是疑問時，不妨從會計部門那邊得到實際的數感，有時候會找到令人意外的驚喜創想，這樣的成控才能好玩又有效！

06 高級主管需要有特別的東西！

高級主管經常給人刻板印象，但是如果可以透過想像力，自我督促成為那個扭轉印象的人物，高階主管也能展現令人喜愛的豐富特質。

許多人對於高級主管的定義就是「專門找員工麻煩的人」、「什麼事都不懂、只會問『何不食肉糜』的人」或是「專門挑不是問題的問題之人」、「用咆哮來顯示威權的人」。

聽起來很可悲是不是？偶有幾個比較成功的例子，卻被歸因於「有靠山」、「靠關係」、「耍手段」、「陰險」之類的名詞，只能說問題的所在不是權力大，但是權力大的就一定有問題。

要想跳脫這種刻板印象，並非從表面上能輕易看得到的地方做起，而是得要先認真檢視自己；如果你是一位小員工，你希望向哪一種榜樣學習？透過檢視、想像的方法便能描繪出「主管」明確的形象！

身為一位主管，你需要的能力層次已經不再是小螺絲釘般的守份而已了，在心態上要有自覺：自己負責的業務自然是多且廣，要讓企業或是CEO能夠看到你的投入，用心經營自己是唯一的法門！

主要該自我經營的是哪些項目呢？

一、組織能力

你必須具備實施結構化流程的執行力，還要能確保你的部門及相關人員與你一樣重視流程。即使在繁忙的情況下也要能夠朝著目標前進，因此擁有實現目標的決心不可或缺。

並且在設定高標準的同時，也要讓部屬及同事與你一樣能夠讓實現目標的精準有持續性，能夠運用自己的專長或優勢，積極和各個部門做溝通、交換經驗。其次，讓整個部門參與你對流程執著的熱度，對於新的建議及優化方

案維持開放的態度。最重要的是能夠整合所有的資源，讓部門的裏外資源都具有實現目標的效率。

二、接洽技巧

身為大部門的負責人，與內外各類型的人接洽、開會、溝通……是例行的事務，因此擁有令人舒適的接洽技巧會讓你的工作如魚得水，輕鬆愉快。而能夠在工作中寫意自在的人多半就是佔有優勢的人。

首先，對待任何人，不論是其它公司或是內部的小單位，一律要以誠實和真率的方式相處對談，面對不論是高或低的各層人員都要合乎禮儀，最重要的是「尊重」。

此外，多一點點的說服力也是為你工作加分的主因。對別人的說服力或許像是天生的基因，但是除了充實自己以外，它確實可以透過練習達成。

每天對著鏡子練習，想像自己是一個用眼神及嘴巴就能發揮影響力的人，展現自己最舒適的自信，每天這樣說幾句話，你就可以展現無與倫比的說服力！在真誠、說服力之後，當然還要能夠值得信賴並遵守承諾。

　　有些主管總是忘記在訂下目標的時候我們曾經說出的
一些承諾，切記這是信賴感的種子。執行它、完成它，也
就是說「負出承諾，得到信賴」。

　　有時候我們會遇到一些衝突場面。在進行關鍵議題討
論的時候發生衝突，我們還是要保持冷靜，運用你的長處
去消弭這個情形，不要敷衍，釐清所有的疑慮，不讓不必
要的疑慮影響你用心經營的整個部門！

三、時間管理

　　時間管理不僅只於自己的時間，還包含了整個公司或
部門辦事的節奏和Timing。何謂辦事的節奏和Timing，
說起來很籠統，其實就是一種針對時間的態度。

　　什麼是針對時間的態度呢？譬如對於快要截稿的稿
件，作家是積極地安排進度，還是留待最後的時間再作解
決？這就是一種時間態度。

　　如果在公司的業務運轉中，對於一個目標，大家能夠
積極地安排出事件的流程及進度，並且有意識地朝著該方
向走，那麼這就是良好的時間管理。

員工們會不會作出這樣的時間管理多半和其上的管理者有關。如果管理者總是顯得閒散及曳踏，其實員工們也是看在眼裏，自然而然就會同樣閒散。

這和家庭教育有著異曲同工之妙。如果你能凡事都以自己為榜樣、以身作則，那麼「身教重於言教」，一個親身實踐的經驗必定會在員工的內心投入漣漪。

譬如要求員工能夠在三週內熟悉新的系統，結果自己卻並沒有同樣跟進，沒有同步學習，如此一來往後你對員工所做的要求恐怕都是過份的了。

四、並不是凡事都得親力親為

這也是一個很值得重視的個人特質，有的人天生就做得好，有的人卻不然。就如同媽媽照顧孩子一般，孩子大了，時間到了，就該放手讓孩子去做、去碰撞，而不該是什麼都搶先幫他做得好好兒的。經過磨鍊，孩子往往都能學習將事情做得又快又好。

有的主管不喜歡溝通，又或說是沒辦法將要交待的事清楚表達出來，因此在傳達一件命令的時候便會發現員工

並沒有將自己的想法100%做出來，這時候就會有幾種狀況：有的主管會自己跳出來做、有的主管則不顧是否自己未表達清楚就對員工展開責難，其實這是要看事情的專責程度而定。

有些事務也許和你本身很有關聯，那麼你能夠出手或出力自然是在理的，但是有些事根本就是員工自己能力範圍內的事務，你卻因為害怕他搞雜了，就插手來做，這就會形成一種慣性，而並非營造出主管願意與員工戮力合作的印象，反而讓員工覺得在他手上的事「你不放心」。

我們看過不少例子，有些主管在很多種情形下都不放心，所以將事務攬起來做，結果往往是主管累死，然後權責不分，事情進行並不會比較有效率。

一個公司業務的流程也是需要檢討然後練習的，如果能夠養成好的權責習慣，等同有了一組合作力超強的團隊，要想表現得不亮眼都難。

五、多花時間管理自己與協力廠商間的良好關係

你必須能夠長遠地規劃並設定未來導向的策略及目標，並起以此作為公司與協力廠商間的橋樑，達到最佳的默契，如此一來才能夠確保你的公司、各部門和協力廠商擁有優良的盈利能力。盈利能力當然就是每一個企業領導人CEO所重視的價值。

這些規劃和策略看似與基層員工與廠商間關係相類似，其實不然。作為管理者，你所要在意的是大綱性：

要能為員工提出具體的願景和策略、要積極制定出一套完整的經營品味、將創新和變革視作家常便飯、具備對市場敏銳的觀察力，還有兩點很重要的是：

一要能辨識並思考公司與廠商間彼此的需求和停損，才能調整各自的服務及目標。

二是要注意彼此建立的產能運轉利用率，也就是進與出、出與進的關係。當然最後要重視的還有管理以及開發新的協力廠商。

六、與人為善、做人比做事重要

　　這則要點是特別要向主管級說明的。我們都聽過「得饒人處且饒人」，這也是與人為善的一種意境。身為主管，經常要面對的就是員工犯錯，如果員工一犯錯就遭受到過度嚴厲的處罰，那麼他在當下怨恨的對象絕對不會是公司，而是你這個主管。

　　我們在社會新聞上經常看到離職員工向前老闆報復，因而發生了令人遺憾且可怕的案件，這中間是一段又一段故事，當中有待解析的因素自然是很多，但一般存在的印象都是「員工太壞」，再不然就是「老闆太壞」。為什麼呢？很多機率都是老闆對員工的缺失做得太絕，才會引發員工的不滿情緒。

　　我們並不是希望所有做主管的都應該放寬原則來自保，而是很多時候做人確實比做事重要，如果你在公司的規定之內可以珍惜這個員工為公司做過的努力，員工是可以感受得到的，這是一種被肯定的感覺。

　　筆者曾經在大公司中服務，大公司中難免有形形色色的員工，記得當時有一個同事不知道是否被鬼迷了心

竊，個性樸實低調的他，竟然在女生更衣室中裝設了針孔攝影機。這對公司來說真是一件天大的大事，因為公司性質為服務業，女性員工更是非常之多，光同一部門就有兩百多女性同仁會在這裏更換輪班所需之制服。

不過公司處理的方式算是仁至義盡，只有請他自行離職，而大家還是在他離職之後才知道這件事的元兇是誰。公司在調查的過程中不僅保密，也為他顧上了面子，沒有讓他難堪。

雖然看似是普通的處理方法，但因為做錯事的員工感受到公司的保全之意，很快就平和地結束。如果公司主管換一個做法，受到難堪的員工或許會因此而對公司抱有恨意，原本不是公司的錯竟也會變成是公司的錯了。

當你可以在公司與員工之間築一道橋時，切忌不要挖寬那條看似平靜的河流呀！這是能為公司結許多善緣的能力，重視人我關係的CEO一定體察得到。

07 想要自我提昇的人

金錢是個反覆無常的東西，得之欣喜若狂，反之則萬念沮喪。

提到工作，很多人會全神貫注在金錢這件事情上。但是事實是，如果你是因為錢而從事現在的工作，大多時候不但不能滿足快樂，而且終究也不可能成為該領域的佼佼者。

因此在日復一日的公事中，你必須仔細思考它是否讓你想要進步？它是否挑戰自我的極限？它是否能讓你「就算沒有錢也想去完成」？因此自我精神的提昇至關重要。有幾個要點能幫助你朝這個境界邁進～

一、用老闆的角度思考，用員工的角度做事

　　我們常常聽到：要站在別人的角度思考事情。這意謂著在與人合作時，不要陷入自我中心的窠臼，甚至與人產生爭執。其實每件事都沒有絕對的對與錯，當事過境遷，仔細評量，有時總會浮現一絲「悔不當初」的感覺，這就是從別人的角度看事情的開始。

　　當老闆的要負責整個部門或整間公司成敗，思考事情的角度勢必從整體方向來評量，從中找出對公司最有利的處理方式，這不是一般只想上班糊口飯吃的職員能立刻理解的。

　　因此想要提升自我的人做事一定要培養一種「老闆的眼睛」，用近乎要藉此決定成敗的負責態度去完成每一個階段目標，考量事情時盡量不要只朝「快一點結束」、「這樣不必太麻煩」的念頭去想，如此一來雖然不能保證事情能夠盡善盡美，但一定會有不錯的結果。

二、把職場當作個人事業來經營

　　公司要生存、要獲利，每個環結都必須要有競爭力，

從業務、生產製造、研發、市場分析、財務分配、人員招募、培訓都要能面面俱到。聽起來好像很不容易，但除非你只是想要朝九晚五、安穩度日，那麼職場的學習就是盡量要多元與靈活。

我們知道大公司中每個部門都有專人司職，這是不容置喙的，但部門與部門之間有時是很需要彼此配合、互相幫忙，你能多一份好奇心，就是多一份讓公司更好的能量，如此也能看到部門間聯繫運作的情形，發現潛在的問題，這不就正是領導者在做的事嗎？無形中，你就在經營著自己的事業。

三、不僅只對份內之事用心，並且不只著眼於賺不賺錢

想成為企業領導不可或缺的要角，首先就要先弄清楚企業領導人在做些什麼事情。

身為公司CEO，他每日都在決定公司的未來與前途，大部份時候都在全神貫注於商場戰役與市場動態回應，他若需要找個人來幫忙，自然是需要找一個著眼點不局限於自己份內之事的助手。如果一個員工永遠都只求將

份內事做好就好、做好即對，基本上就永遠無法立基於全面性的眼光。

請記住，將份內之事做好、做對，都只是「本份」，本份指的就是理所當然該做的事。除了這些，你應該要去了解許多你的工作週邊的人事物。或許我們無法成為全才─即使是CEO也不行，但關心別人在做些什麼會讓你發現自己不是之處，或者得出許多有助你本身業務的心得，這就是收穫。

這種心態源於你是否只想著「賺錢」，為公司賺錢還是為個人賺錢？大方向及思考方式的不同就會決定你是否走在與企業領導CEO同樣的一條路上。

四、尊重別人對你的信任

有些人很容易濫用他人對自己的信任。

譬如認為我們是老朋友了，所以就私自透露朋友間的一些耳語及想法、意見；又或是認定別人一定要賣你面子，利用這樣的關係來達到某種利益。這些都是破壞他人對你信任的起始步。

假如你沒有辦法讓自己值得他人信任，那也說明了你無法尊重他人對你的感覺。如果別人信任你、認為你有能力，你卻隨便敷衍、推諉辦事，你無法尊重這一份信賴，那麼未來誰還會對你有所期望呢？

有些人很輕易就對別人承諾，在日常小事上、在感情上、在工作上，那會讓人受到欺騙、感覺全然不受到尊重。如果你不行，你就得承認；如果你說可以，那就要盡全力做到。

小叮嚀

值得信任是對自己負責的基本態度，
也是你這個人個人品牌的保證。

Memo
創業計畫小筆記

第6章

行動，讓夢想啟動

01 創業的動機

很多人都有一份想創業的心，理由百百種。決定創業之前，先問問自己為什麼要創業、為什麼一定要創業、動機是什麼？

　　對七〇年代之後的青年而言，創業兩字越來越有話題，報章雜誌甚至以此為主題，特開專欄訪問這些三十五歲前創業成功的人士。但也有一部分是因為被裁員而出現想要創業的心態。無論原因是哪種，在離開有一份穩定收入之前，先想想自己為什麼一定要創業。

　　這並不是要澆冷水，勸你打消念頭，只不過是因為創業不是兒戲，甚至有可能攸關他人生計，並不是可以看你心情開店關店的小事情。看看那些新聞報導的廠商，隨意

跳票、多月薪水無法支付，你會想要創業之後也變成這樣子嗎？

　　現在也有很多詐騙集團會要你投資一家店面部分股份，讓你聽的心動後帶你去跟銀行借貸款項，接著無預警倒閉，錢不但拿不回來，甚至還讓自己背了一筆債在身上，真的得不償失。

有這些心態，最好三思而後行。

- 因為老闆很機車，所以我要自己當老闆、做自己！
- 因為受不了、主管同事太難相處，所以我要做老闆負責發號施令。
- 因為不知道要做什麼工作，所以不如自己創業做生意當老闆。
- 現在的薪水好少，與其領22K不如創業賺大錢。
- 羨慕剛創業就有成就的人，所以我也要來創業。
- 想試試看自己能不能創業當老闆，成功就繼續做，不成功就回去找工作。

　　這類想法也不是說不好，只是若是因為這樣子的想法而決定要創業，通常都是非常辛苦而且容易失敗。

因為會有這種想法的人，太過衝動也太情緒化，幾乎可以用幼稚來形容。只是因為情緒浮出創業心思，最好再多想想比較好。

　　創業兩個字所代表的意義可是從無到有的開始，凡事起頭難，要付出的心力是非常多且辛苦的，沒有一定的覺悟，最好別輕易抬起創業夢。

　　當你發現自己完全沒有時間的時候，開始懷念當別人員工的日子之時，上班時就是上班（中間還能打混摸魚兼喝下午茶），下班就真的下班放假休息去了，管你什麼工作，下一次上班再說，每個月還有固定薪水可以領，幫你扣除勞健保跟勞退6%……的時候，就代表你的覺悟根本不夠。

　　創業是一種長期抗戰，真正要做到賺錢除了商品要符合市場還要有精明的頭腦去思考行銷、創新。

　　這些都是需要長期時間的培養，不可能在前幾個月就可以馬上看到成果，若是你創業的心態如洗三溫暖一樣，一冷一下熱，是沒有辦法持久，那麼「創業」這兩個字，還是別提了。

關於創業，保持的心態

自己當老闆，很多事情都是要自己來、親力而為，除了什麼事情都要會一點之外，從計畫到開始都要保持當初創業時的那份熱誠跟動力。

只要是人，都容易被怠惰驅使，能夠鞭策自己維持品質且要求自己天天都要有一點進步的人才有辦法成功。

自己的心態上面可以說是要成為打不死的小強一樣，人人都在打擊你、攻擊你的時候，不能退縮，要越挫越勇。若是因為他人說的話就讓你產生打退堂鼓的心態，那就表示你還不夠覺悟，不如放棄。

成就事業，宛如中歐建築製造一般，時間長且悠遠，創業這條路是一個長期抗戰，中間還要經過好幾次革命，路途是坎苟崎嶇可與天堂路匹敵的遙遠路程。你有孤鬥奮戰到底的決心跟覺悟了嗎？

創業不是遊戲，角色死掉了重來就好。中間要花費很多心力、金錢、時間，如果不知道失敗原因在哪裡也不懂得反省檢討，不管創業多少次一樣會倒閉。

創業不是工作

在公司行號裡工作，學的是單一技術跟知識，領的是別人的薪水、賣的是你自己的專業技能。而創業，賣的仍是你的專業製造出來的成品，學的不再是單一技術跟知識，使用花費全是自己的錢、賺的錢扣除成本後剩下的淨利才是你的薪水，這份薪水可能前幾個月都領不到它。

創業絕對會比工作時還要累、初期賺錢也絕對沒有工作時的固定薪水多而且是貨真價實的什麼都要做！沒有所謂的上下班時間卻也沒有所謂的休息時間（自己的時間）。每天醒著就是想著要怎麼賺錢，睡覺時間可能也會因為賺錢而減少很多，不是說睡就能睡、說做才去做。

創業是有風險、有成本的投資，跟工作比較起來要承擔的項目多上很多，如果只想著不用成本、沒有風險甚至在家工作就好這樣子的想法在想著要創業這種事情，麻煩別想了，找份有穩定薪水的工作比較適合你。

那些自己創業成功的人，為什麼可以自己當老闆？他會想的層面一定跟你不同、會去考量的一定比你更廣。這不是因為老闆有錢有閒，而是因為今天他是老闆，比一般

人更加投入自己的事業，勇於執行且不放過任何機會，別以為老闆真的很閒，其實他比任何一個人都忙。

創業者會100％要接受成功，也會100％接受失敗。

失敗不是問題，問題是怎麼解決失敗的原因，跟之後要做的是什麼？如果無法接受失敗，也不知道失敗後到底該怎麼樣，那表示你的能耐不過如此而已，還是早早放棄吧！

行動力

決定要創業了，你的行動有哪些？在FB上面告知大家你要創業了，然後po了一大堆感想跟計畫之後就沒下文。還是真正有所行動去找資料、看同行業者怎麼做行銷、估算成本、寫企劃案、尋找投資者跟客源？

創業不是在家裡上臉書po文講講就會成立的事情，更不是光靠空想而不付出行動就會有成果的事業，凡事都是要主動出擊、付出行動，用自己的雙手雙腳做出成績才有可能成功，一點動作也沒有，別說成功連個影都不可能看見。

既然要做，就要做出成果，光說不練就只是打嘴砲而已。你要當一個只剩下嘴的廢人還是要當一個有行動力的實踐者？

　　敢說就要敢做，為自己說的話負責、付出行動、做出成果這才是最該做的事情。

　　成功的創業家都是執行力強且勇於實踐的人，想要創業就不能單單在嘴巴上說說而已。

小叮嚀

　　創業者會100％要接受成功，也會100％接受失敗。

02 迎接創業挑戰，朝成功更進一步

不要逃避問題，直接面對然後挺過去。很多問題並沒有自己想像中的那麼可怕。

　　不管是處於哪種時期，當家人聽見你要離職時大部分第一個問題就是，「為什麼要離職？」或是「找到新工作了？」

　　如果回答說我要創業、開公司、做生意這類的話，大多得到的回應應該都是反對居多。

　　親人會反對真的很正常，筆者父親聽見我把工作辭去時第一個反應就是說，你這樣子不行……（以下省略百餘

字），這不能怪親人，他們是用自己的方式在關心自己的兒女，希望自己小孩可以有份穩定的工作，領穩定的薪水直到退休。

所以聽見小孩離開穩定的環境跑去要做不穩定的事業時，多少會擔心。又因為筆者是女性，就很希望小孩可以找個好對象結婚生子……（以下再省略百餘字）。

所以這就是自己要面對的第一個挑戰，說服親人支持自己的行動。

沉住氣，放低姿態

畢竟是要說服對方支持自己的行動，沉住氣這一點就很重要了。親人跟自己相處的時間最長，非常容易因為親人的不諒解說出對自己而言不中聽的話語時，開始出現爭吵跟賭氣。

不歡而散是最容易發生的狀況，嚴重的可能還會牽扯到斷絕關係、離家出走等等狀況。就因為你生氣我也生氣，雙方互不相讓爭吵不休，天天大眼瞪小眼也不願意各退一步解決問題。

因此才會需要沉住氣，老一輩的長者常會仗著自己的年紀較大、學識淵博等原因去否定被他認定為小孩子的不智之舉。所以作為晚輩的人就只好用不傷長輩尊嚴、較為謙虛的態度去商量對談。

筆者近幾年想請親人幫忙處理事情時經常使用「麻煩你」、「請你幫忙」這類字眼，因為今天的狀況是你要請人協助你做什麼事情，放低自己的態度會好一點，即使是親人也不見得一定要幫你做什麼事情，所以給予尊重很重要。

假如親人打從一開始就是百分之百的支持創業，那要好好感謝親人願意讓你走自己想走的路，並不是每一個人一開始都能這麼幸運去做自己想做的事情。

把親人當做自己第一組客戶

可以堪稱最大奧客的人，就是自己的家人（筆者認為）。親人會因為反對而反對，會因為不懂不熟悉進而不諒解，所以在跟家人談創業的時候，企劃書就必須拿出來了。跟親人談論時，中間必定會有很多提問，這些問題都要好好解釋其中的利弊風險，而不是用「不會啦！」、

「怎可能？」這類敷衍的話語帶過提問。這種沒有明確數字跟答覆的回答絕對會讓人不放心且質疑。

假使你有做好功課，有做過市場調查甚至問卷，你就會了解那些有憑有據的數字在接受提問時，你能夠回覆的都是一個具體而明確的答案，這會讓人聽的很放心，因為你有憑有據。

筆者曾經為了要自己創業的事情鬧過多次家庭革命，個性衝動又風風火火的自己常因跟父親意見不合而大吵嚴重時還大打出手執行全武行，最後還是母親出面協調當中間人，了解我要做的項目跟已經擬定好的規劃後，放心後才去幫忙說服父親。

後來遇到的很多形形色色的顧客，讓我轉變態度用對待顧客的方式去跟親人對談有關事業方面的事情，意想不到的是父親終於願意聽了！對於父親的提問我都可以做出明確且有具體數字的回覆，即使仍有不安卻能放手讓我去做。當然，這段期間的冷言冷語是沒有少過。

在這其中，自己更仔細規劃要做的事情以及訂定好要達到的目標，初期事項擬定全在自己的能力範圍內能夠做

到的，讓親人明白了解自己對於創業這件事的決心。越過這到水泥牆，後面要做事就比較容易了。

勇於面對、承受結果

不要逃避問題，直接面對然後挺過去。很多問題並沒有自己想像中的那麼可怕，把問題攤出來，條條理解找到關鍵便能輕鬆解決。會感覺到害怕是身體裡的一種自我防範機制，面對不熟悉的狀況感到不安。

當出狀況時會不會害怕受到責罵？會不會想著，我慘了要被xx罵了？其實大多確實會被罵，被罵之後呢？就是善後，問題是你自己善後還是別人幫你善後？

年齡已經滿十八歲的人，要了解到自己必須對自己的行為負責，不是出了事情就躲起來甚至讓別人出面替你解決。心態必須要有所調整，已經不是小孩子了。就算是孩子也是要替自己的行為負責更何況是已經成年之人。

面對並不可怕，解決也不是難事，可怕的是不敢面對問題躲藏起來的心態跟作為。這種行為極度可恥。無論結果是好是壞，至少有面對問題、想辦法解決問題，過去失

敗的經驗是邁向成功的練習題，過去失敗不代表現在還是會失敗。

給自己勇氣，不要害怕面對，有了一個開始才有機會解決，即使結果可能不好也至少有了一個經驗，創業者隨時都在學習，就算是失敗的經驗也是要學習吸收起來。

無論是做企劃書也好、跟親人談創業也好，成功與否都要做一件自我檢討的工作。有什麼問題可以怎麼回答會更好，談話之中犯了什麼樣的錯誤要改進，做個自我反省的過程，改進不足的地方，告訴自己下一次面對他人時要做的更好。

自我反省並不是要自己責備自己所犯的錯誤，有誰能不犯錯？錯了就改，給自己時間改並且相信自己一定能做好、能做到，這才是反省的用意。不要害怕犯錯，會犯錯就表示你還有進步的空間。

每次挫折都是有其存在的意義，每次反省時發現過往會犯的錯誤不再犯時那就是一種進步，一天一點進步就表示你正在前進，這些挫折都會讓你更加出色、強壯。創業家本來就是會經歷失敗並會從中記取教訓的人。

03 行動，讓夢想啟動

> 要仔細斟酌每一筆開銷支出，精心計畫財務收入，對每一筆損益都要注意並做好規劃。

準備好了企劃書，創業也得到家人支持，所有工作都準備好了，回頭去看那些事項，你會感到動容與興奮而且開心。此時還有最後一項工作必須準備，退場。

心中要認定自己沒有退路地去執行創業這個目標，主要是因為用這樣子的心態去做事，才會發揮超過百分之百的能力去做，不會因為自己知道有後路的思維而伴隨著僥倖跟安逸的心態在做事業，那是絕對無法發揮自己的真正實力。

問題是，未來未知的日子裡總是會有很多個萬一出現，有時候不得不妥協，選擇離開這個事業範圍。

筆者過往與友人合開工作室時經過兩年，本覺得事業開始逐漸穩定，只要沒有出現什麼大變化我們可以一起這樣經營下去。

可是，還是出現了狀況。父親身體狀況每況愈下，無人照顧。跟我同輩的親人都已經出嫁，各有各的家庭要管理照顧，母親也早已離開過著獨居生活且又有自己的店面要顧也不能說離開就離開。結果就剩下我這一個去哪都可以生存的小妹回南部照顧父親。

要放下跟友人合作的事業真的很捨不得，尤其是已經上軌道又忙碌的時候。跟友人談論的結果，變成友人自己繼續經營工作室而我的部門則是比照資遣費計算方式結清所有費用。

世事難料，沒有人知道未來會發生什麼事情，所以在全部準備好要衝之前，建議也要準備好非到緊要關頭不得不用的退場方案。

決定退場，該給的還是要給

在自己決定好的目標裡面，每一項支出皆是仔細評估計算之後才做的決定，無論未來創業之後賺錢的速度快慢，建議不要使用錢滾錢或其他無痛無感的方式賺錢。

因為凡事都有個萬一，利用這種方式賺錢的風險不小，若是真有個意外，屆時極有可能連支付員工薪水或廠商材料費用的錢也沒有。結果就可想而知，惡性倒閉、員工廠商氣的跳腳、你的信譽也就此歸零甚至是負數。

這種是最為惡劣的退場方式。所以，自己要仔細斟酌每一筆開銷支出，精心計畫財務收入，對每一筆損益都要注意並做好規劃，以免自己到了最後也成了那一個惡性倒閉的差勁老闆。

有毅然決然創業的決心跟行動力，在退場時一樣要有這個魄力跟決心。只要成功創業過，自然就會知道自己的在這行業上的優缺點，也就是經驗。

退場會讓人很捨不得，有一絲希望就會想要再振作看看說不定會有轉機，希望不要有這種僥倖心態，把該清算

的事務結清之後，結束，就不要再去想著過往的美好。

　　一次失去並沒有什麼，每一個人都有很多次東山再起的機會，事業是創業者的全部沒有錯，卻不代表著結束等於失去。

　　與其想著當時創業有多風光做的有多好，還是把自己的心態全部歸零做好當前該做的事情並替下一個目標做好準備。

　　世界上沒有什麼事情是不可能的，強化自己的決心，向前看齊，就算退場也會感到值得，因為你用自己的雙手雙腳走了這一回，事業過程讓你了無遺憾，那才是一個成功者最無私的心態。

　　筆者決定離開跟友人合作的工作室時，並沒又後悔做出這個決定。我的人生不能一直處於後悔之中，既然決定要做就不能後悔，所以從不覺得離開是件可惜的事情。

　　友人現在獨撐的工作室經過跟女友一起分工合作共同經營，不但做的有聲有色，訂單也比我在時多出很多，我感到欣慰且開心，衷心祝福。

退場不是低潮，是一個全新開始

雖然說不是低潮期，其實心態還是難免會受到影響，不過經過這些經歷，其實自己會很清楚之後該做什麼事情、應該要保持什麼樣的心態。

全部作業只是回到創業前的準備而已，幾乎一切從頭來過，差別是，面對創業這回事已經有了經驗不再是什麼都不懂的新手，所以在做事前準備時會更得心應手。

如果可以在這種時刻依然保有健康的心態，不會因為此刻時運不佳就陷入低潮情緒迴圈裡，而是跟過往一樣努力耕耘，總有一天會等到換你上台的機會。

學會能力範圍內的目標，根據目標條理化執行。在對創業已經有經驗的情況之下，你會發現所謂的能力範圍內的目標會設立的範圍會比前一次還來的廣泛而且深入。這就表示你仍然在進步。

學無止境，即使是退場後仍然是一種學習機會，能夠控制自己做好自我規範，一天一點的進步就是在替自己累積實力醞釀等待天時、地利、人和的時刻來到。

不要以為失去就是什麼都沒有了，所有一切才剛開始
而已。

創業資金自己準備

筆者前面一直沒有談到資金的事情，主要是因為希望
資金最好是自己準備好叫好。

創業前的準備，實則會花費半年以上的時間，從無到
有花費的時間會更多。創業是在燒錢，準備期間也在燒
錢，大小問題罷了。資金這個問題，現在有很多銀行可以
做借貸但筆者真心不建議。

可以的話是用自有的資金來做自己的創業基金，在做
準備期間本身尚有一個穩定的工作、有穩定的收入，可以
慢慢邊存邊做準備。創業初期什麼都沒有，往往是很難說
服他人甚至銀行拿出金錢來支持你的創業。

所以最好是先用自己的資金做出第一個好成績，這
樣就算你不找也會有人找上你表明願意投資。或許你會
想，你可以向親朋好友借錢先做。筆者希望會這麼想的人
們自己要有一份認知，在你什麼都沒有做出個成果來之

前願意出資支持你的那些人，往往是很信任你的親朋好友。而這筆資金會願意借給你，是因為你過往累積起來的信用換來的。

若是真的很不幸的，創業失敗了，這筆錢還不出來，你要怎麼面對那些信任你會成功闖出一番事業的親人跟朋友？因為這件事情把自己的信用額度花光光就真的太不值得了。

最後事業的成敗，大都是取決市場消費者的需求跟喜好，創業能不能成功，仍然需要看市場是不是有位置容下你，一起分享一杯羹，世事難料，盡力做好事前準備以備迎戰。

祝福每一位想創業的人士，能夠闖出屬於自己的一片天。

Memo

創業計畫小筆記

後記

新手創業的3大風險

若相對於上班族來說，創業其實是一條高風險的行業，尤其對於創業新手來說，由於缺乏各式各樣的歷練，失敗的風險更是極高。

因此在本書的最後，我希望能夠在提醒有志創業的新手老闆們，要更加小心創業的3大風險。

第一、判斷能力不足

新手老闆最大風險就是對事物的判斷能力不夠，創業初期由於靠著是自己一番的熱誠，所以往往甚麼就紛紛往前衝，一點都沒想到後果，所以經常會遇到各式各樣的阻礙，最常遇到的阻礙便是資金問題。

所以初期創業要把握好各方面的準備工作，並且要多找有創業經驗的長輩詢問，若能讓他們擔任公司的顧問更好，凡是謀定而後動，不要想到甚麼就做甚麼，在創業這條路上，有時一動不如一靜，多培養耐心，就能提高判斷的成功率。

第二、專業能力不足

由於缺乏所創行業的專業知識，所以往往新手一開始就很容易被同行所打敗，若沒有專業能力就輕易創業，那無疑就是進入市場當砲灰。

舉例來說，如果你要開一間芒果冰店，那麼以下問題你回答得出來嗎？

你知道要如何挑選芒果嗎？

你知道要幾點去市場挑嗎？

店面是要多少租金才划算？

冰的來源要去哪找？

芒果冰的定價如何？

冬天的淡季要如何度過？

219

若你缺乏對所創行業市場了解，缺乏所創行業專業技巧，那代表你的資歷不足、訓練也不足，那麼不用作任何評估，目前的你是百分之百不適合創業，但若你已經創業了才發現，那麼你可以考慮朝兩條路發展：

1. 找懂這一行的專業人士來進入團隊，唯有讓懂的人來經營，事業才有可能起死回生。

2. 暫停目前的創業，回到上班族的角色，重頭開始學習要如何經營一間公司，當有一天準備好了，隨時可以重新創業。

第三、籌資能力不足

籌資能力一向是所有老闆所必須具備的能力，對於新手老闆來說，除非創業一開始就能獲得親友們的大力贊助創業資金，不然就必須自己另尋資金來源，我建議新手老闆們要先當上班族時，就要先存第一個100萬。

因為在存第一桶金的過程中，會遇到各式各樣的誘惑和阻礙，這些絕對比創業後的困難還小，倘若能夠自己先存到100萬，那麼創業後可以試著申請政府補助的青年

創業貸款，政府的創業貸款的利率極低，又有還款寬限期，可以大大減輕創業初期的資金周轉壓力。

重新認識自己

不同特質的人對於創業所遇到的困難，會有不一樣的解決方法，如果你目前不具備上述三項創業的能力，那麼，從今天開始重新培養都來得及。

每個人都不是天生下來就會當老闆，唯有堅持不放棄，才能夠持續走在創業之路。

新手老闆最好的老師，就是創業中所面臨的大大小小的問題，只有克服這些問題，才能夠衝破難關，朝向成功之路，在此祝福所有創業的新手老闆們，能夠保持當初創業的初衷，勇敢走向一個「重新認識自己」的旅程。

致富的6個秘密
定價NT280元

*守得住 才能賺得到
　先教你怎麼把錢守住 再告訴你如何致富！

*儲蓄是『加法』的累積，投資則是以『乘法』累積財富
　投資有風險，不等於理財的全部。

*誰說退休要3千萬？別被理財機構嚇壞了！
　不準備 也退休 你也可以辦得到！

Recommend

好書
推薦